环境化学实验

万邦江　解晓华　肖　萍　主编

北京工业大学出版社

图书在版编目（CIP）数据

环境化学实验 / 万邦江，解晓华，肖萍主编 . — 北京：北京工业大学出版社，2022.8

ISBN 978-7-5639-8416-9

Ⅰ . ①环… Ⅱ . ①万… ②解… ③肖… Ⅲ . ①环境化学—化学实验—高等学校—教材 Ⅳ . ① X13-33

中国版本图书馆 CIP 数据核字（2022）第 180486 号

环境化学实验

HUANJING HUAXUE SHIYAN

主　　编：	万邦江　解晓华　肖　萍
责任编辑：	李俊焕
封面设计：	知更壹点
出版发行：	北京工业大学出版社
	（北京市朝阳区平乐园 100 号　邮编：100124）
	010-67391722（传真）　　bgdcbs@sina.com
经销单位：	全国各地新华书店
承印单位：	唐山市铭诚印刷有限公司
开　　本：	710 毫米 ×1000 毫米　1/16
印　　张：	10.75
字　　数：	215 千字
版　　次：	2023 年 4 月第 1 版
印　　次：	2023 年 4 月第 1 次印刷
标准书号：	ISBN 978-7-5639-8416-9
定　　价：	72.00 元

编写人员

主　编：万邦江　解晓华　肖　萍

副主编：丁世敏　封享华　余友清

参　编：孙启耀　章琴琴　刘　良　王　捷　杨振鸿

内容简介

本教材主要对污染物在水、大气、土壤以及生物中的迁移转化规律进行研究。本教材共两章，第一章主要介绍环境化学实验的基本知识；第二章是环境化学实验部分，主要包括了污染物在水、大气、土壤和生物中的迁移转化规律研究以及污染物指标的分析、检测和评价，对环境保护与治理起到积极的作用。对比以往教材，本教材增加了一些新的实验内容和方法，在注重传统的基本训练的同时，加大综合性实验的比例。本教材注重对学生在环境化学领域基本实验技能的培养和锻炼，同时也反映环境化学领域当前国际最新研究动态和研究方法，使学生通过实验课程得到更加全面、系统的科研训练，对培养学生的实践能力、提高学生的科学素养起到不可或缺的作用。

本教材可供普通高校或高职院校环境科学与工程类专业的学生使用，也可供相关科技人员参考。

前　言

　　"环境化学实验"是与环境化学专业课相配合的一门基础实验课程，掌握环境化学实验技能，是研究污染物在环境中的质和量、发展和变化并采取防治措施的必要手段。本教材主要介绍污染物在水、大气、土壤以及生物中的迁移转化规律以及环境样品中污染物的定量分析原理和方法，同时涉及化学分析法和仪器分析法的部分内容。在编写本教材时增设了最新的编写组老师的科研成果（例如环境空气中臭氧浓度的日变化曲线等），这是本书的一大特色。本教材可以作为普通本科院校或高职院校环境科学与工程类专业或其他相关专业的实验用书。

　　本教材由长江师范学院绿色智慧环境学院的万邦江高级实验师完成了第一章的全部内容，以及第二章实验一到实验六、实验八到实验十二、实验十六到实验二十五和附录部分的编写工作；解晓华副教授完成了第二章实验七的编写工作；肖萍博士完成了实验十三到实验十五的编写工作。全书由万邦江、解晓华、肖萍修改定稿，其余参编人员参与了实验项目的修订、完善等工作。

　　在编写过程中，笔者还借鉴了兄弟院校的环境化学实验教材，在此向相关文献的作者表示衷心的感谢。

　　由于笔者水平有限，书中难免存在不足之处，希望读者批评指正。

目 录

第一章 环境化学实验的基本知识

第一节 环境化学实验课的基本知识

环境化学是环境科学与工程类专业的重要基础课。环境化学理论课和环境化学实验课并重，两者皆单独设课。

学生通过对实验课程的学习，巩固和加深对环境化学基础理论、基本知识的理解，正确和较熟练地掌握环境化学实验技能和基本操作，培养独立工作的能力、科学的思维方法、严谨的科学作风和实事求是的科学态度，为今后掌握环境相关实验技术和开展科学研究工作打下基础。

一、实验规则

为确保实验顺利进行，做实验时，学生必须遵守下列规则。

（一）实验前

①实验前必须认真预习实验讲义，明确实验目的和要求，了解实验原理和内容，厘清操作步骤，制订实验计划，写出实验预习报告，做到对实验心中有数。

②进入实验室要服从安排，遵守纪律，令行禁止，不喧哗打闹、随意更换座位、随意搬动或调换他人的仪器和器材，不乱丢纸屑、废物，不做与实验无关的事。

③实验前认真听讲，仔细观察老师演示，进一步明确实验要求、操作要点和注意事项，进一步了解仪器装置的构造、原理及化学药品的性能。不要提前操作仪器或做实验。

④在实验过程中必须穿着实验服，穿着要保持整齐、整洁，实验服要及时清洗。

（二）实验中

①实验中应保持安静和良好的秩序，必须按照正确的方法和正确的操作步骤进行实验，未经老师同意不得任意改变药品用量和实验内容。

②细心观察，真实记录，认真分析，作出结论，按时完成实验。如果实验不成功，要分析原因，找出问题后重做，直到成功为止。如果在课堂上重做时间不够，就报告老师，请求另行安排实验时间。如果对实验方法有不同设想，需经老师许可，方能进行实验。

③爱护公物。公用仪器、药品、器材应在指定地点使用，或用后及时放回原处。仪器若有损坏要按制度赔偿。

④废液、废纸、废材料等杂物须投入废液缸或垃圾箱内，不能随意抛掷或倒回水槽。实验过程中，注意随时保持实验室整洁。

⑤严格遵守操作规程，确保安全，如遇事故，应保持冷静，并及时向老师报告，以便及时处理，防止事故扩大。

⑥实验完毕，及时做好实验后的处理工作，清洗、整理仪器，检查安全措施是否做好，最后洗净双手。

⑦经老师对实验数据、实验仪器、实验台检查签字以后，方可离开实验室。

（三）实验后

①学生轮流值日。值日生负责整理公用物品、打扫实验室，检查水电是否关闭，最后关好门窗等。实验室内的一切物品（仪器、药品和实验产物等）不得带离实验室。

②按要求及时写出实验报告，学习委员收交实验报告，以小组为单位整理好，并送老师批阅。

二、环境化学实验室安全规则

化学药品中有很多是易燃、易爆、有腐蚀性或者有毒的，所以在实验前应充分了解安全注意事项，应在思想上和行动上充分重视安全问题，集中注意力，遵守操作规程，以避免发生事故。

（一）实验室安全守则

①熟悉实验室水和电闸的位置。

②用完酒精灯、电炉等加热设备，应立即关闭，拔掉插销。

③加热时，不要俯视正在加热的液体，以免液体溅出受到伤害。

④嗅闻气体时，应用手轻拂气体，扇向自己后再嗅。

⑤使用电器设备时，不要用湿手接触插销，以防触电。

⑥严禁在实验室内饮食和吸烟。

⑦实验完毕，将仪器洗净，把实验桌面整理好。洗净手后，离开实验室。

⑧值日生负责实验室的清扫工作，离开实验室时检查水门、电闸是否关好。

（二）易燃、具有腐蚀性药品及有毒物品的使用规则

①浓酸和浓碱等具有强腐蚀性的药品，不要洒在皮肤或衣物上，尤其切勿溅到眼睛里。稀释浓硫酸时，应将浓硫酸慢慢倒入水中，而不能将水向浓硫酸中倒。

②不允许在不了解化学药品性质时，将药品任意混合，以免发生事故。

③使用易燃、易爆化学品时，例如氢气、强氧化剂（如氯酸钾），首先要了解它们的性质，使用中应注意安全。

④有机溶剂（如苯、丙酮、乙醚）易燃，使用时要远离火焰。

⑤制备有刺激性的、恶臭的、有毒的气体（如 H_2S，Cl_2，CO，SO_2 等），加热或蒸发盐酸、硝酸、硫酸时，应该在通风橱内进行。

⑥氰化物、砷盐、锑盐、可溶性汞盐、铬的化合物、镉的化合物等都有毒，应避免进入口内或接触伤口。

（三）实验室救护常识

实验中如遇伤害事故，处理方法如下。

①割伤。在伤口上抹红药水或紫药水。

②烫伤。在伤口上抹烫伤药，或者用浓高锰酸钾溶液润湿伤口，至皮肤变为棕色。

③硫酸腐伤。先用水冲洗，再用饱和碳酸氢钠溶液或稀氨水洗，最后用水冲洗。

④碱腐伤。先用水冲洗，再用醋酸溶液（20 g·L^{-1}）洗，碱溅入眼中时，用1% 硼酸淋洗。

⑤酚腐伤。用苯或甘油洗，再用水冲洗。

⑥磷灼伤。用 1% 硝酸银、1% 硫酸铜或高锰酸钾溶液洗，然后进行包扎。

⑦吸入氯气、氯化氢。可吸入少量酒精和乙醚的混合蒸气。

⑧毒物进入口内。把 5 ～ 10 mL 稀硫酸铜溶液倒入一杯温水中，内服之，用手指伸入喉部，促使呕吐，然后送至医院。

（四）实验室事故

1. 事故预防工作

①在操作易燃、易爆的液体（如乙醚、乙醇、丙酮、苯、汽油等）时应远离火源，禁止将上述溶剂放入敞开容器内。

②易燃、易挥发物不得倒入废液缸内，应倒入指定回收瓶中。

③化学品不要沾在皮肤上，每次实验完毕应立即洗手。

④严禁在实验室内吃东西、吸烟。

⑤不能用湿手去使用电器或手握湿物安装插头。实验完毕应先切断电源，再拆卸装置。

2. 火灾事故处理

要保持冷静，不能惊慌失措。应将火源和电源切断，并迅速移去易燃物品，用砂或适宜的灭火器将火扑灭。无论使用哪一种灭火器材，都应从火的四周向中心扑灭火焰。

三、环境化学实验的学习方法

环境化学实验能否达到预期的目的或者说实验者能从化学实验中学到多少知识，取决于实验者的实验态度和学习方法。环境化学实验的学习应抓住下面三个方面。

（一）预习

预习是实验课前必须完成的准备工作，是做好实验的前提。但是，这个环节往往没有引起学生足够的重视，甚至不预习就进实验室，对实验的目的与要求并不清楚，结果是浪费了时间，浪费了药品。为了确保实验的质量，对没有预习或预习不符合要求者，任课老师有权停止本次实验。

实验预习一般应达到下列要求。

①认真阅读讲义中的有关内容，明确本次实验的目的及全部内容。

②了解实验操作方法及实验中的注意事项。

③按教材规定设计实验方案，并准备好思考题的书面解答，以备指导老师提问。

④写出预习报告。预习报告是进行实验的依据，因此预习报告应包括简要的实验步骤与操作。

（二）实验

实验是培养独立工作和思维能力的重要环节，必须认真、独立地完成实验任务。在进行化学实验时应做到以下几个方面。

①实验过程中严格遵守实验规则，始终保持环境整洁。

②严格按照教材内容，认真操作，细心观察，如实记录实验现象、实验数据。

③如遇反常现象，应仔细查找原因，并在老师指导下重做或补充进行某些实验。

④实验结束后要做好清扫工作，摆好仪器、药品，关闭水、电、火，经指导老师检查后方可离开实验室。

（三）实验报告

实验报告是每次实验的总结，反映每个学生的实验水平，学生必须严肃认真如实地填写实验报告。实验报告一般包括以下几部分内容。

①实验目的。简述实验目的。

②实验原理。简述实验原理，写出主要的计算公式或反应方程式。

③实验步骤。尽量采用表格、框图、符号等形式简明、清晰地表示。

④实验现象或数据记录。实验现象要表达正确，数据记录要完整、准确，绝不允许主观臆造、弄虚作假。

⑤解释现象、作出结论或数据处理。根据现象给出简明解释，写出主要反应方程式，分题目小结或最后得出结论。若有数据计算，务必将所依据的公式和主要数据表达清楚。

⑥问题讨论。针对本实验中遇到的疑难问题，提出自己的见解或收获。定量实验应分析实验误差产生的原因，也可对实验方法、实验内容等提出自己的意见和改进方法。

四、分析天平的使用规则

①爱护分析天平，小心使用。注意保持分析天平室内外的清洁，分析天平

内如有灰尘，要用软毛刷轻刷干净，从分析天平两侧门进行操作。

②每次用分析天平称量前，最好用托盘天平先粗略称出物品的质量。这样一则保护了精密仪器；二则提高了称量的速度，节省了时间。

③使用分析天平称量前应先检查分析天平是否处于水平，然后调节至零点。

④加减物品或砝码时，一定要轻轻升起升降枢，然后再加减物品或砝码，以免损坏刀口。

⑤使用自动加码装置，加减环码应一档一档轻轻操作，防止环码相互碰撞或跳落。

⑥被称物品质量不可超过分析天平的量程，以免损坏天平。被称物体尽可能放在分析天平盘中央。

⑦称量完毕，应当检查分析天平梁是否已经托住，称量瓶等物品是否已从分析天平盘中取出，分析天平门是否关好。如果是电光分析天平，还应把加码装置恢复到零位，切断电源，最后罩好天平罩。

⑧要保持分析天平室的整洁、安静。走路、开关门、搬动凳子等一切行动要轻。

⑨每次使用完分析天平要登记，经指导老师检查后方可离开实验室。

⑩如果不按规定操作，要扣除相应的实验学分；损坏分析天平，要加倍赔偿。

五、化学试剂的规格

化学试剂产品很多，门类很多，有无机试剂和有机试剂两大类，又可按用途分为标准试剂、一般试剂、高纯试剂、特效试剂、仪器分析专用试剂、指示剂、生化试剂、临床试剂、电子工业或食品工业专用试剂等。世界各国对化学试剂的分类和分级及标准不尽相同。我国化学试剂产品有国家标准（GB）和专业（行业，ZB）标准及企业标准（QB）等。国际标准化组织（ISO）和国际纯粹化学与应用化学联合会（IUPAC）也有很多相应的标准和规定。例如，IUPAC对化学标准物质的分级有 A 级、B 级、C 级、D 级和 E 级。A 级为原子量标准，B 级为与 A 级最接近的基准物质，C 级和 D 级为滴定分析标准试剂，其含量分别为（100 ± 0.02）% 和（100 ± 0.05）%，而 E 级为以 C 级或 D 级试剂为标准进行对比测定所得的纯度或相当于这种纯度的试剂。我国的主要国产标准试剂和一般试剂的等级及用途见表 1-1。

表 1-1　我国的主要国产标准试剂和一般试剂的等级及用途

标准试剂类别（级别）	主要用途	相当于 IUPAC 的级别
容量分析第一基准	容量分析工作基准试剂的定值	C
容量分析工作基准	容量分析标准溶液的定值	D
容量分析标准溶液	容量分析测定物质的含量	E
杂质分析标准溶液	仪器及化学分析中用作杂质分析的标准	
一级 pH 基准试剂	pH 基准试剂的定值和精密 pH 计的校准	C
pH 基准试剂	pH 计的定位（校准）	D
有机元素分析标准	有机物的元素分析	E
热值分析标准	热值分析仪的标定	
农药分析标准	农药分析的标准	
临床分析标准	临床分析化验标准	
气相色谱分析标准	气相色谱法进行定性和定量分析的标准	

一般试剂级别	中文名称	英文符号	标签颜色	主要用途
一级	优级纯（保证试剂）	GR	深绿色	精密分析实验
二级	分析纯（分析试剂）	AR	红色	一般分析实验
三级	化学纯	CP	蓝色	一般化学实验

　　化学试剂中，指示剂纯度往往不太明确。除了少数标明"分析纯""试剂四级"之外，经常只写明"化学试剂""企业标准"或"生物染色素"等。常用的有机溶剂、掩蔽剂等，也经常遇到级别不明的情况，平常只可作为"化学纯"试剂使用，必要时需进行提纯。例如，三乙醇胺中铁含量较大，而又常用来掩蔽铁，因此使用该试剂时，必须注意其纯度。

　　生物化学中使用的特殊试剂，其纯度表示和化学中的一般试剂表示也不相同。例如，蛋白质类试剂，经常以含量表示，或以某种方法（如电泳法等）测定杂质含量来表示。再如，酶是以每单位时间能酶解多少物质来表示其纯度的，也就是说，它是以其活力来表示的。

此外，还有一些特殊用途的所谓高纯试剂。例如，"色谱纯"试剂，是在最高灵敏度下以 10^{-10} g 下无杂质峰来表示的；"光谱纯"试剂是以光谱分析时出现的干扰谱线的数目强度大小来衡量的，往往含有该试剂的各种氧化物，不能被认为是化学分析的基准试剂，这点需特别注意；"放射化学纯"试剂是以放射性测定时出现干扰的核辐射强度来衡量的；"MOS"级试剂是"金属-氧化物-半导体"试剂的简称，是电子工业专用的化学试剂；等等。

在一般分析工作中，通常要求使用分析纯试剂。常用化学试剂的检验，除了经典的湿法化学方法之外，已越来越多地使用物理化学方法和物理方法，如原子吸收光谱法、发射光谱法、电化学方法、紫外线、红外线和核磁共振分析法以及色谱法等。高纯试剂的检验，无疑只能选用比较灵敏的痕量分析方法。

分析工作者必须对化学试剂标准有一个明确的认识，做到科学地存放和合理地使用化学试剂，既不超规格造成浪费，又不随意降低规格而影响分析结果的准确度。

六、有效数字与实验误差

实验中经常需要对某些量进行测量，从中得到一些数值，这些数值表示的准确与否，直接关系到最终实验结果的准确性。

（一）有效数字

有效数字就是实际测量中得到的数字。它的定义是从仪器上能直接读出（包括估读的最后一位数字）的几位数字。也就是说，在一个数据中，除了最后一位是不确定的或可疑的之外，其他各位都是确定的。例如，用 50 mL 滴定管滴定，最小刻度为 0.1 mL，所得到的体积读数是 25.87 mL，表示前三位数是准确的，只有第四位是估读出来的，属于可疑数字，那么这四位数字都是有效数字，它不但表示滴定体积为 25.87 mL，而且说明计量的精度为 ±0.1 mL。

在确定有效数字位数时，首先应注意数字"0"的意义。如果作为普通数字使用，它就是有效数字，例如，滴定管读数是 20.00 mL，其中三个"0"都是有效数字。如果"0"只起定位作用，它就不是有效数字了。例如，某标准物质的质量为 0.056 6 g，这一数据中，数字前面的"0"只起定位作用，与所取的单位有关，若以毫克为单位，则应为 56.6 mg。

有效数字的位数可以用下面几个数值来说明：

数值	18.00	18.0	18	0.108 0	0.108	0.018 0	0.001 8
有效数字位数	4 位	3 位	2 位	4 位	3 位	3 位	2 位

其次，有效数字的最后一位不是十分准确的。有效数字的位数应与测量仪器的精确程度相对应，任何超过或者低于仪器精密度有效数字的数字都是不恰当的。例如，如果计量要求使用 50 mL 滴定管，由于它可以读至 ±0.01 mL，那么数据的记录就必须而且只能记到小数点后第二位。例如前述滴定管的读数为 25.87 mL，既不能读作 25.870 mL，提高实验的精确度；也不能读作 25.9 mL，降低实验的精确度。

再次，对于化学计算中常遇到的一些分数和倍数关系，由于它们并非测量所得，应看成足够有效的，即不能根据它来确定计算结果的有效数字的位数。

最后，常遇到的 pH、pM、$\lg K$ 等对数值，它们的有效数字的位数仅取决于小数部分的位数，整数部分只说明该数的方次。例如，pH 值为 11.02，它只有两位有效数字。

（二）有效数字运算规则

一般实验中进行的各种测量所得到的数据大多是用来计算实验结果的，而每种测量值的误差都要传递到结果里面。因此，我们必须运用有效数字的运算规则，做到合理取舍，既不无原则地过多保留数字位数使计算复杂化，也不舍弃任何尾数而使其精确度受到损失。

舍去多余数字的过程称为数字修约过程，目前所遵循的数字修约规则多采用"四舍六入五留双"规则。例如，3.142 4、3.215 6、5.623 5、4.624 5 等修约成四位时应为 3.142、3.216、5.624、4.624。

当测定结果是几个测量值相加或相减时，保留有效数字的位数取决于小数点后位数最少的一个，也就是绝对误差最大的一个。例如，将 0.012 1、25.64 及 1.057 82 三数相加，由于每个数据的最末一位都是可疑的，其中 25.64 小数点后第二位已不准确了，即小数点后第二位开始就算与准确的有效数字相加，得出的数字也不会准确了，因此，计算结果应为 0.01+25.64+1.06=26.71。

在几个数据的乘除运算中，保留有效数字的位数取决于有效数字位数最少的一个，也就是相对误差最大的一个。例如，

$$\frac{0.032\,5 \times 5.103 \times 60.06}{139.8} = 0.071\,2$$

各数的相对误差分别为：

$$0.032\ 5 : \quad \frac{\pm 0.000\ 1}{0.032\ 5} = \pm 3 \quad \text{‰} ; 5.103 : \pm 0.2 \quad \text{‰} ; 60.06 : \pm 0.2 \quad \text{‰} ; 139.8 :$$

$\pm 0.7‰$。

可见，四个数中相对误差最大的即准确度最差的是 0.032 5，是三位有效数字，因此计算结果也应取三位有效数字 0.071 2。

有时一个计算结果在下一步计算时仍需使用，可暂时多保留一位，以免由多次的"四舍六入五留双"引入较大的误差，最后的计算结果再用上述原则将多余数字弃去。另外，对于第一位数值等于或大于 8 的位数，在运算过程中，其有效数字的总位数可多保留一位。采用计算器连续运算的过程中可能保留过多的位数，但最后结果应保留适当的位数，以正确表达分析结果的准确度。

（三）化学中的误差

化学计量中的误差是客观存在的。在化学计算中，所用的数据、常数大多数来自实验，通过计量或测定得到。这些数据、常数的计量或测定所采用的计量装置本身有一定的测量误差，其计量过程中也存在误差。在物质组成的测定中，即使用最可靠的分析方法，使用最精密的仪器，由很熟练的分析人员进行测定，也不可能得到绝对准确的结果。同一个人对同一样品进行多次测定，结果也不尽相同。在化学计算中还常遇到许多近似处理，这种近似处理所求得的结果与精确计算所得结果也存在一定的误差。因此，我们有必要先来了解实验过程中，特别是物质组成测定过程中误差产生的原因及误差出现的规律。

1. 计量或测定中的误差

计量或测定中的误差是指测定结果与真实结果之间的差值。根据误差产生的原因及性质，误差可以分为系统误差和偶然误差。

（1）系统误差

系统误差是由测定过程中某些经常性的、固定的原因所造成的比较恒定的误差。它常使测定结果偏高或偏低，在同一测定条件下重复测定中，误差的大小及正负可重复显示并可以测量，它主要影响分析结果的准确度，对精密度影响不大。可通过适当的校正来减小或消除系统误差，以提高分析结果的准确度。它产生的原因有下列几种。

①方法误差。这是由于测定方法本身不够完善而引入的误差，即使操作再

仔细也无法克服。例如，重量分析中由于沉淀溶解损失而产生的误差，在滴定分析中由于指示剂选择不够恰当而造成的误差都属于方法误差。

②仪器误差。仪器本身的缺陷或没有调整到最佳状态所造成的误差，例如，天平两臂不相等，砝码、滴定管、容量瓶、移液管等未经校正，在使用过程中就会引入误差。

③试剂误差。它源于试剂不纯和蒸馏水不纯，含有被测组分或有干扰的杂质等。

④操作误差。由于操作人员主观原因造成的误差，例如，对终点颜色的辨别偏深或偏浅，读数偏高或偏低，在做平行实验时，主观希望前后测定结果吻合等所引入的操作误差。如果是由于分析人员工作粗心、马虎所引入的误差，只能称为工作的过失，不能算是操作误差。

（2）偶然误差

偶然误差是由于在测定过程中一系列有关因素微小的随机波动而形成的具有相互抵偿性的误差。产生偶然误差的原因有很多。例如，在测量过程中由于温度、湿度以及灰尘等的影响都可能引起数据的波动，在读取滴定管读数时，估计的小数点后第二位的数值，几次读数不一致。这类误差在操作中不能完全避免。

偶然误差的大小及正负在同一实验中不是恒定的，并很难找到产生的确切原因，所以又称为不定误差。从表面上看，它的出现似乎没有规律，但是，如果进行反复多次测定，就会发现偶然误差的出现还是有一定的规律的。总的来说，大小相等的正、负误差出现的概率相等，小误差出现的机会多，大误差出现的机会少，特大的正、负误差出现的频率更低，符合正态规律分布曲线。

2.误差的减免

从前面讨论中可知，定量分析结果的误差是不可避免的，但人们在实践中不断地总结，掌握了产生误差的原因，就有可能采取措施使误差减小到很小，以提高分析结果的准确度。

（1）对照实验

在做对照实验时，可用已知分析结果的标准试样与被分析试样，或用公认的标准分析方法与所采用的分析方法进行对照，或采用标准加入回收法进行对照，即可判断分析结果误差的大小。

（2）空白实验

空白实验是在不加试样的情况下，按照与试样分析同样的操作步骤和条件进行分析，所得结果称为空白值。然后，从试样分析的结果中扣除空白值，即可得到比较可靠的分析结果。

（3）仪器校正

在实验前，应根据所要求的允许误差对测量仪器，如砝码、滴定管、吸量管、容量瓶等进行校正，以减小误差。

（4）方法校正

例如，在重量分析中要达到沉淀完全是不可能的，但可将仍溶解于滤液中的少量被测组分用其他方法，如比色法进行测定，再将该分析结果加到重量分析的结果中去，以提高分析结果的准确度。

3. 误差的表征表示

（1）误差与准确度

误差的大小可以用来衡量测定结果的准确度。准确度表示测定结果与真实值接近的程度，它可用误差来衡量。误差是指测定结果与真实值之间的差值。误差越小，表示测定结果与真实值越接近，准确度越高；反之，误差越大，准确度越低。当测定结果大于真实值时，误差为正，表示测定结果偏高；反之，误差为负，表示测定结果偏低。误差可分为绝对误差和相对误差。

$$绝对误差 = 测定值 - 真实值$$

例如，称取某试样的质量为 1.836 4 g，其真实质量为 1.836 3 g，测定结果的绝对误差为：1.836 4 g-1.836 3 g=+0.000 1 g。如果另取某试样的质量为 0.183 6 g，其真实质量为 0.1835 g，测定结果的绝对误差为：0.183 6 g-0.183 5 g=+0.000 1 g。上述两试样的质量相差 10 倍，它们测定结果的绝对误差相同，但误差在测定结果中所占的比例未能反映出来。

$$相对误差 = [（测定值 - 真实值）/ 真实值] \times 100\%$$

相对误差表示绝对误差在真实值中所占的百分比。在上例中，它们的相对误差分别为：

$$\frac{+0.000\,1}{1.836\,3} \times 100\% = +0.005\%$$

$$\frac{+0.000\,1}{0.183\,5} \times 100\% = +0.05\%$$

由此可知，两试样由于称量的质量不同，它们测定结果的绝对误差虽然相同，但是在真实值中所占的百分比即相对误差是不相同的。称量的质量较大时，相对误差则较小，测定结果的准确度就比较高。

但在实际工作中，不可能绝对准确地知道真实值。这里所说的真实值是指人们设法采用各种可靠的分析方法，经过不同的实验室、不同的具有丰富经验的分析人员进行反复多次的平行测定，再通过数理统计的方法处理而得到的相对意义上的真值。例如，被国际会议和标准会议组织或国际上公认的一些量值，如原子量，以及国家标准样品的标准值等都可以认为是真实值。

（2）偏差与精密度

对于不知道真实值的情况，可以用偏差的大小来衡量测定结果的好坏。

偏差是指个别测定值与多次分析结果的算术平均值之间的差值。它可以用来衡量测定结果的精密度高低。

精密度是指在同一条件下，对同一样品进行多次重复测定时各测定值相互接近的程度，偏差越小，说明测定结果的精密度越高。

偏差也有绝对偏差和相对偏差。

$$绝对偏差（d_i）=个别测定值（x_i）-算术平均值（\bar{x}）$$

$$相对偏差（d_r）=\left[绝对偏差（d_i）/算术平均值（\bar{x}）\right]\times100\%$$

（3）准确度与精密度的关系

在物质组成的测定中，系统误差是主要的误差来源，它决定了测定结果的准确度；而偶然误差则决定了测定结果的精密度。如果测定过程中没有消除系统误差，那么即使测定结果的精密度再高，也不能说明测定结果是准确的，只有消除系统误差之后，精密度高的测定结果才是可靠的。图 1-1 是甲、乙、丙、丁四人同时测定纯（NH_4）$_2SO_4$ 中氮的质量分数，真实值为 0.212 0。

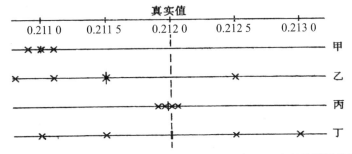

图 1-1 甲、乙、丙、丁四人同时测定纯（NH_4）$_2SO_4$ 中氮的质量分数

由图 1-1 可见：甲分析结果的精密度高，但平均值与真实值相差较大，准确度较低；乙分析结果的精密度和准确度都较差；丙分析结果的精密度和准确度都较高；丁分析结果的精密度较差，但平均值恰与真实值相符，仅是偶然的巧合。所以，精密度是保证准确度的先决条件，精密度差说明分析结果不可靠，也就失去衡量准确度的前提。但是，高的精密度不一定能保证高的准确度。

在实际分析工作中，对于分析结果的精密度经常用平均偏差和相对平均偏差来表示。

七、实验数据的记录、分析数据的处理和实验报告的填写

（一）实验数据的记录

学生应有专用的、预先编有页码的实验记录本，不得撕去任何一页。不要将数据记在单页纸或小纸片上，或记在书上、手掌上等。实验记录本可与实验报告本共用，实验完成后即在实验记录本上写出实验报告。

实验过程中的各种测量数据及有关现象，应及时、准确而清楚地记录下来。记录实验数据时，要有严谨的科学态度，要实事求是，切忌夹杂主观因素，不能随意拼凑和伪造数据。实验过程中涉及的各种特殊仪器的型号和标准溶液浓度等也应及时准确地记录下来。

记录实验过程中的测量数据时，应注意其有效数字的位数。用分析天平称重时，应记录至 0.000 1 g；滴定管及吸量管的读数，应记录至 0.01 mL；用分光光度计测量溶液的吸光度时，如果吸光度在 0.6 以下，应记录至 0.001 的读数，如果吸光度大于 0.6，则应记录至 0.01 的读数。

实验记录的每一个数据都是测量结果，所以重复观测时，即使数据完全相同，也应记录下来。

进行记录时，文字记录应整齐清洁。数据记录应用一定的表格形式，这样就更为清楚明白。

在实验过程中，如果发现数据算错、测错或读错而需要改动，可将该数据用横线划去，并在其上方写上正确的数字。

（二）分析数据的处理

为了衡量分析结果的精密度，一般对单次测定的一组结果 x_1, x_2, $\cdots$, x_n 计算

出算术平均值 $\bar{x}$ 后，应再用单次测量结果的相对偏差、平均偏差、标准偏差、相对标准偏差等表示出来，这些是分析实验中常用的几种处理数据的表示方法。

算术平均值为

$$\bar{x} = \frac{x_1 + x_2 + \cdots + x_n}{n} = \frac{\sum\limits_{i=1}^{n} x_i}{n}$$

绝对偏差为

$$d_i = x_i - \bar{x}$$

相对偏差为

$$d_r = \frac{x_i - \bar{x}}{x} \times 100\%$$

平均偏差为

$$\bar{d} = \frac{|x_1 - \bar{x}| + |x_2 - \bar{x}| + \cdots + |x_n - \bar{x}|}{n} = \frac{\sum\limits_{i=1}^{n} |x_i - \bar{x}|}{n}$$

标准偏差为

$$s = \sqrt{\frac{\sum\limits_{i=1}^{n} \left(x_i - \bar{x}\right)^2}{n-1}}$$

相对标准偏差为

$$\bar{d}_r = \frac{s}{\bar{x}} \times 100\%$$

其中，相对偏差是分析化学实验中最常用的确定分析测定结果好坏的方法。例如，5 次测得铁矿石中 Fe 的质量分数分别为 37.40%、37.20%、37.30%、37.50%、37.30%，其处理方法如表 1-2 所示。

表 1-2　铁矿石中 Fe 含量测定结果

序号	W_{Fe} / %	$\overline{W}_{Fe}$ / %	绝对偏差 / %	相对偏差 / %
1	37.40		+0.06	0.16
2	37.20		−0.14	−0.37
3	37.30	37.34	−0.04	−0.11
4	37.50		+0.16	0.43
5	37.30		−0.04	−0.11

　　环境化学实验数据的处理，有时是大宗数据的处理，甚至有时还要进行总体和样本的大宗数据的处理。例如，某河流水质调查、地球表面的矿藏分布、某地不同部位的土壤调查等。

　　其他有关实验数据的统计学处理，例如，置信度与置信区间、是否存在显著性差异的检验及对可疑值的取舍判断等可参考《环境化学》的有关章节和有关专著。

（三）实验报告的填写

　　实验完毕，学生应用专用的实验报告本，根据预习和实验中的现象及数据记录等，及时且认真地填写实验报告。

八、实验成绩的评定

　　实验成绩的评定，包括以下几项内容。

①预习与否及实验态度。

②实验操作技能。

③实验报告的撰写是否符合规范要求，以及填写的认真程度。

④实验数据的准确性和科学性。

第二节　环境化学实验的基本仪器和操作

一、环境化学实验基本仪器介绍

环境化学实验基本仪器如表 1-3 所示。

表 1-3　环境化学实验基本仪器表

仪器	规格	一般用途	使用注意事项
 试管	试管： 以管口直径 × 管长表示。 如 25 mm×150 mm， 15 mm×150 mm， 10 mm×75 mm	反应容器，便于操作、观察，用药品量少	（1）试管可直接加热，但不能骤冷； （2）加热时用试管夹夹持，管口不要对人，并且要不断移动试管，使其受热均匀，试管内盛放的液体不能超过试管容积的1/3； （3）小试管一般用水浴加热
	试管架： 材料——木料、塑料或金属	放置试管	
 离心管	分有刻度和无刻度两种，以容积表示。如 0～25 mL， 0～15 mL， 0～10 mL	少量沉淀的辨认和分离	不能直接用火加热
 烧杯	以容积表示。如 0～1 000 mL， 0～600 mL， 0～400 mL， 0～250 mL， 0～100 mL， 0～50 mL， 0～25 mL	反应容器；反应物较多时使用	（1）可以加热至高温，使用时应注意勿使温度变化过于剧烈； （2）加热时底部垫石棉网，使其受热均匀

17

仪器	规格	一般用途	使用注意事项
烧瓶	有平底和圆底之分，以容积表示。如 0～1 000 mL，0～500 mL，0～250 mL，0～100 mL，0～50 mL	反应物较多，且需长时间加热时使用	（1）可以加热至高温，使用时应注意勿使温度变化过于剧烈； （2）加热时底部垫石棉网，使其受热均匀
锥形瓶（三角烧瓶）	以容积表示。如 0～500 mL，0～250 mL，0～100 mL	反应容器；摇荡比较方便，适用于滴定操作	（1）可以加热至高温。使用时应注意勿使温度变化过于剧烈； （2）加热时底部垫石棉网，使其受热均匀
碘量瓶	以容积表示。如 0～250 mL，0～100 mL	用于碘量法	（1）塞子及瓶口边缘的磨砂部分注意勿擦伤，以免产生漏隙； （2）滴定时打开塞子，用蒸馏水将瓶口及塞子上的碘液洗入瓶中
量筒和量杯	以容积表示。 量筒：如 0～250 mL， 0～100 mL， 0～50 mL， 0～25 mL， 0～10 mL； 量杯：如 0～100 mL， 0～50 mL， 0～20 mL， 0～10 mL	用于液体体积计量	不能加热

仪器	规格	一般用途	使用注意事项
移液管和吸量管	以容积表示。 移液管： 如 0～50 mL， 0～25 mL， 0～10 mL， 0～5 mL， 0～2 mL， 0～1 mL 吸量管： 如 0～10 mL， 0～5 mL， 0～2 mL， 0～1 mL	用于精确量取一定体积的液体	不能加热
容量瓶	以容积表示。如 0～1 000 mL， 0～500 mL， 0～250 mL， 0～100 mL， 0～50 mL， 0～25 mL	用于配制准确浓度的溶液	（1）不能受热； （2）不能在其中溶解固体
（a）　（b） 滴定管	滴定管分酸式（a）和碱式（b），无色和棕色，以容积表示。 如 0～50 mL， 0～25 mL	用于滴定操作或精确量取一定体积的溶液	（1）碱式滴定管盛放碱性溶液，酸式滴定管盛放酸性溶液，二者不能混用； （2）碱式滴定管不能盛放氧化剂； （3）见光易分解的滴定液宜用棕色滴定管； （4）酸式滴定管活塞应用橡皮筋固定，防止其滑出跌碎

续表

仪器	规格	一般用途	使用注意事项
漏斗	以口径大小和漏斗颈长短表示。如6 cm 长颈漏斗、4 cm 短颈漏斗	用于过滤或倾注液体	不能用火直接加热
（a）　　（b） 布氏漏斗和吸滤瓶	材料：布氏漏斗（a），瓷质；吸滤瓶（b），玻璃。 规格：布氏漏斗以直径表示。如10 cm，8 cm，6 cm，4 cm 吸滤瓶以容积表示。如0～500 mL，0～250 mL，0～125 mL	用于减压过滤	不能用火直接加热
表面皿	以直径表示。如15 cm，12 cm，9 cm，7 cm	盖在蒸发皿或烧杯上以免液体溅出或灰尘落入	不能用火直接加热
（a）　　（b） 试剂瓶	材料：玻璃或塑料 规格：细口（a）、广口（b），无色、棕色。 以容积表示。如0～1 000 mL，0～500 mL，0～250 mL，0～125 mL	广口瓶盛放固体试剂，细口瓶盛放液体试剂	（1）不能加热； （2）取用试剂时，瓶盖应倒放在桌上； （3）盛放碱性物质要用橡皮塞或塑料瓶； （4）盛放见光易分解的物质用棕色瓶

仪器	规格	一般用途	使用注意事项
蒸发皿	材料：瓷质。 规格：有柄、无柄。 以容积表示。 如 0～150 mL， 0～100 mL， 0～50 mL	用于蒸发浓缩	可耐高温，能直接用火加热，高温时不能骤冷
坩埚	材料：分瓷、石英、铁、银、镍、铂等。 规格：以容积表示。如 0～50 mL， 0～40 mL， 0～30 mL	—	—
泥三角	材料：瓷管和铁丝。有大小之分	用于放置加热的坩埚和小蒸发皿	（1）灼烧的泥三角不要滴上冷水，以免瓷管破裂； （2）选择泥三角时，要使放置在上面的坩埚所露出的上部不超过其本身高度的 1/3
坩埚钳	材料：铁或铜合金，表面常镀镍、铬	夹坩埚和坩埚盖	（1）不要和化学药品接触，以免腐蚀； （2）放置时，应令其头部朝上，以免沾污； （3）夹高温坩埚时，钳尖需预热

21

仪器	规格	一般用途	使用注意事项
干燥器	以直径表示。如 18 cm，15 cm，10 cm	（1）定量分析时，将灼烧过的坩埚放置其中冷却；（2）存放样品，以免样品吸收水蒸气	（1）灼烧过的物体放入干燥器前温度不能过高；（2）使用前要检查干燥器内的干燥剂是否失效
胶头滴管	材料：尖嘴玻璃管与橡皮乳头构成	（1）吸取或滴加少量（数滴或 1～2 mL）液体；（2）吸取沉淀的上层清液，以分离沉淀	（1）滴加时，保持垂直，避免倾斜，尤忌倒立；（2）管尖不可接触其他物体，以免沾污
滴瓶	有无色、棕色之分。以容积表示。如 0～125 mL，0～60 mL	盛放每次使用只需数滴的液体试剂	（1）见光易分解的试剂要用棕色瓶盛放；（2）碱性试剂要用带橡皮塞的滴瓶盛放；（3）其他使用注意事项同滴管
称量瓶	分高形称量瓶(a)、扁形称量瓶（b），以外径×高表示。如高形 25 mm×40 mm，扁形 50 mm×30 mm	用于准确称取一定量的固体样品	（1）不能直接用火加热；（2）盖与瓶配套，不能互换

（a）　（b）
称量瓶

仪器	规格	一般用途	使用注意事项
铁架、铁圈和铁夹	—	用于固定反应容器	应先将铁夹等升至合适高度并旋转螺丝，使之牢固后再进行实验
石棉网	以铁丝网边长表示。如15 cm×15 cm，20 cm×20 cm	加热玻璃反应容器时垫在容器的底部，能使其受热均匀	不要与水接触，以免铁丝腐蚀，石棉脱落
刷子	以大小和用途表示。如试管刷、烧杯刷	用于洗涤试管及其他仪器	洗涤试管时，要把前部的毛捏住放入试管，以免铁丝顶端将试管底戳破
药匙	材料：牛角或塑料	用于取固体试剂	（1）取少量固体试剂时用小的一端；（2）药匙大小的选择，应以盛取试剂后能放进容器口内为宜
研钵	材料：铁、瓷、玻璃、玛瑙等。规格：以钵口径表示。如12 cm，9 cm	研磨固体物质时用	（1）不能用作反应容器；（2）只能研磨，不能敲击（铁研钵除外）

23

续表

仪器	规格	一般用途	使用注意事项
洗瓶	材料：塑料 规格：多为 500 mL	用于使用蒸馏水或去离子水洗涤沉淀和容器	—
三脚架	铁制品	放置较大或较重的加热容器	—
点滴板	材料：白色瓷板 规格：按凹穴数目分十二穴、六穴、九穴等	用于点滴反应，一般不需分离的沉淀反应，尤其是显色反应	（1）不能加热； （2）不能用于含氢氟酸和浓碱溶液的反应

二、环境化学实验基本操作

（一）玻璃仪器的洗涤和干燥

1.玻璃仪器的洗涤

洗涤仪器是一项很重要的操作，不仅是实验前必须做的准备工作，还是一个技术性的工作。洗涤仪器是否合格，玻璃仪器是否干净，直接影响实验结果的可靠性与准确度。不同的分析任务对仪器洁净程度的要求不同，但至少都应达到倾去水后器壁上不挂水珠的程度。

一般来说，附着在仪器上的污物有尘土、其他不溶性物质、可溶性物质、有机物和油垢。针对这些不同污物，可以分别使用下列洗涤方法。

（1）用水刷洗

用水刷洗可除去可溶性物质和其他不溶性物质、附着在器皿上的尘土，但洗不去油污和有机物。

（2）用去污粉、洗衣粉和合成洗涤剂洗

去污粉是由碳酸钠、白土和细沙混合而成的。细沙有损玻璃，一般不使用去污粉。市售的餐具洗涤剂是以非离子表面活性剂为主要成分的中性洗液，可配成 1% ～ 2% 的水溶液（也可用 5% 的洗衣粉水溶液）刷洗仪器，温热的洗涤液去污能力更强，必要时可短时间浸泡。

（3）铬酸洗液（因毒性较大尽可能不用）

铬酸洗液配制：8 g 重铬酸钾用少量水润湿，慢慢加入 180 mL 浓硫酸，搅拌以加速溶解，冷却后存储于磨口小口棕色试剂瓶中。

铬酸洗液有很强的氧化性和酸性，针对有机物和油垢的去污能力特别强。洗涤时，被洗涤器皿尽量保持干燥，将少许洗液倒入器皿中，转动器皿使其内壁被洗液浸润（必要时可用洗液浸泡），然后将洗液倒回洗液瓶以备再用（颜色变绿即失效，可加入固体高锰酸钾使其再生。这样，实际消耗的是高锰酸钾，可减少六价铬对环境的污染），再用水冲洗器皿内残留的洗液，直至洗净为止。

（4）用特殊的试剂洗

特殊的污垢应选用特殊试剂洗涤。如果仪器上沾有较多 MnO_2，用酸性硫酸亚铁溶液或稀 H_2O_2 溶液洗涤，效果会更好。

无论用上述哪种方法洗涤器皿，最后都必须用自来水冲洗，当倾去水后，内壁只留下均匀一薄层水，如壁上挂着水珠，说明没有洗净，必须重洗。直到器壁上不挂水珠，再用蒸馏水或去离子水荡洗三次即可。

2. 玻璃仪器的干燥

环境化学实验往往要求使用干燥的玻璃仪器，因此要养成在每次实验后马上把玻璃仪器洗净和倒置使之干燥的习惯。不同的实验操作，对仪器是否干燥及干燥程度的要求不同。有的实验操作的仪器可以是湿的，有的则要求是干燥的，应根据实验要求来干燥玻璃仪器。

（1）自然晾干

玻璃仪器洗净后倒置，控去水分，自然晾干。

（2）烘干

110 ～ 120 ℃烘 1 个小时，置于保干器保存，放置仪器时，仪器口应朝下。

（3）用有机溶剂干燥

在洗净的玻璃仪器内加入少量有机溶剂（最常用的是酒精和丙酮），转动玻璃仪器使容器中的水与其混合，倾出混合液（回收），用电吹风吹冷风，待稍干后再吹热风使其干燥完全（直接吹热风有时会使有机蒸气爆炸），然后再吹冷风使玻璃仪器冷却，若任其冷却，有时会在玻璃仪器壁上凝结一层水气。晾干或用电吹风将玻璃仪器吹干（不能将其放入烘箱内干燥）。

带有刻度的玻璃仪器不能用加热的方法进行干燥，一般可采用晾干或加入有机溶剂干燥的方法，用电吹风时宜用冷风。

（二）基本仪器的使用方法

1. 量筒

量筒是用来量取液体体积的量器。读数时应使眼睛的视线和量筒内弯月面的最低点保持水平，量筒的读数方法如图 1-2 所示。

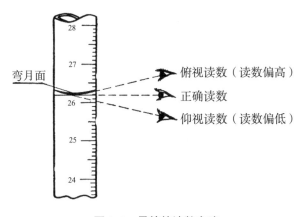

图 1-2　量筒的读数方法

2. 滴定管

滴定管是滴定时可准确测量滴定剂体积的玻璃量器。它的管身是由细长且内径均匀的玻璃管制成，上面刻有均匀的分度线，线宽不超过 0.3 mm。下端的流液口为尖嘴，中间通过玻璃旋塞或乳胶管（配有玻璃珠）连接以控制滴定速度。滴定管分为酸式滴定管［图 1-3（a）］和碱式滴定管［图 1-3（b）］。

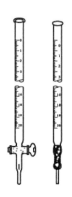

（a）酸式滴定管 （b）碱式滴定管

图 1-3 滴定管

最小的滴定管的总容量为 1 mL，最大的为 100 mL，常用的为 50 mL、25 mL 和 10 mL 的滴定管。常用滴定管的容量允差如表 1-4 所示。

表 1-4 常用滴定管的容量允差

标称总容量 / mL		2	5	10	25	50	100
分度值 / mL		0.02	0.02	0.05	0.1	0.1	0.2
容量允差 / mL（±）	A	0.010	0.010	0.025	0.05	0.05	0.10
	B	0.020	0.020	0.050	0.10	0.10	0.20

滴定管的容量精度分为 A 级和 B 级。通常以喷、印的方法在滴定管上制出耐久性标志，如制造厂商标、标准温度（20 ℃）、量出式符号（Ex）、精度级别（A 或 B）和标称总容量（mL）等。

酸式滴定管用来装酸性、中性及氧化性溶液，但不适宜装碱性溶液，因为碱性溶液能腐蚀玻璃的磨口和旋塞。碱式滴定管用来装碱性及无氧化性溶液，能与橡皮塞起反应的溶液，如高锰酸钾、碘和硝酸银等溶液，都不能加入碱式滴定管中。

（1）滴定管的准备

一般用自来水冲洗，零刻度线以上部位可用毛刷蘸洗涤剂刷洗，零刻度线以下部位如不干净，则采用洗液洗（碱式滴定管应除去乳胶管，用橡胶乳头将滴定管下口堵住）。少量的污垢可加入约 10 mL 洗液，双手平托滴定管的两端，不断转动滴定管，使洗液润洗滴定管内壁，操作时管口对准洗液瓶瓶口，以防洗液外流。洗完后，将洗液分别由两端放出。如果滴定管有很多污垢，可将洗液装满整个滴定管浸泡一段时间。为防止洗液流出，在滴定管下方可放一烧杯，最后用自来水、蒸馏水洗净。洗净后的滴定管内壁应被水均匀润湿而不挂水珠。如果挂有水珠，应重新洗涤。

为了使酸式滴定管（以下简称酸管）的玻璃旋塞转动灵活，必须在旋塞与塞座内壁涂少许凡士林。旋塞涂凡士林可用下面两种方法进行：一是用手指蘸取凡士林涂润在旋塞的大头上（A 部），另用火柴杆或玻璃棒将凡士林涂润在相当于旋塞 B 部的滴定管旋塞套内壁部分，如图 1-4 所示。

 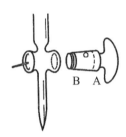

图 1-4　旋塞涂凡士林操作（1）　　　图 1-5　旋塞涂凡士林操作（2）

另一种方法是用手指蘸取凡士林后，在旋塞 A、B 两部分均匀地涂上薄薄的一层（注意，滴定管旋塞套内壁不涂凡士林，如图 1-5 所示）。

涂凡士林时，不要涂得太多，以免旋塞孔被堵住，也不要涂得太少，达不到灵活转动和防止漏水的目的。涂凡士林后，将旋塞直接插入旋塞套中。插入时旋塞孔应与滴定管平行，此时旋塞不要转动，这样可以避免将凡士林挤到旋塞孔中去。然后，向同一方向不断旋转旋塞，直至旋塞全部呈透明状态为止。旋转时，应有一定的向旋塞小头部分方向挤的力，以免来回移动旋塞，使旋塞孔受堵。最后将橡皮圈套在旋塞的小头部分沟槽上（注意，不要用橡皮筋绕）。涂凡士林后的滴定管，其旋塞应转动灵活，凡士林层中没有纹络，旋塞呈均匀的透明状态。

若旋塞孔或出口尖嘴被凡士林堵塞，可将滴定管充满水后，将旋塞打开，用洗耳球在滴定管上部挤压、鼓气，即可将凡士林排除。

碱式滴定管在（以下简称碱管）使用前，应检查橡皮管（医用胶管）是否老化、变质，检查玻璃珠是否适当，如果玻璃珠过大，则不便操作；如果玻璃珠过小，则会漏水。如果不合要求，应及时更换。

（2）滴定操作

练习滴定操作时，应很好地领会和掌握下面几个方面的内容。

①操作溶液的倒入。将操作溶液倒入酸管或碱管之前，应将试剂瓶中的溶液摇匀，使凝结在瓶内壁上的水珠混入溶液，在天气比较热或室温变化较大时，此项操作更为必要。混匀后的操作溶液应直接加入滴定管中，不得用其他容器（如烧杯、漏斗等）来转移。先将操作液润洗滴定管内壁三次，每次用量为 10 ～ 15 mL。最后将操作液直接倒入滴定管，直至充满至零刻度线以上为止。

②管嘴气泡的检查及排除。管内充满操作液后，应检查管的出口下部尖嘴部分是否充满溶液，是否留有气泡。为了排除碱管中的气泡，可将碱管垂直地夹在滴定管架上，左手拇指和食指捏住玻璃珠部位，使乳胶管向上弯曲翘起，并捏挤乳胶管，使溶液从管口喷出，即可排除气泡，如图 1-6 所示。酸管的气泡，一般容易看出，当酸管有气泡时，右手握住滴定管上部无刻度处，并使滴定管倾斜 30°，左手迅速打开活塞，使溶液从管口喷出，反复数次，即可达到排除酸管出口处气泡的目的。由于目前有些酸管制作不合规格要求，因此，有时按上法仍无法排除酸管出口处的气泡。这时可在出口尖嘴处接上一根约 10 cm 的乳胶管，然后，按碱管排气的方法进行。

③滴定姿势。站着滴定时要求站立好。有时为操作方便也可坐着滴定。

④酸管的操作。使用酸管时，左手握滴定管，其无名指和小指向手心弯曲，轻轻地贴着出口部分，用其余三指控制旋塞的转动，如图 1-7 所示。但应注意，不要向外用力，以免推出旋塞造成漏水，应使旋塞稍有一点儿向手心的回力。当然，也不要往里用太大的回力，以免造成旋塞转动困难。

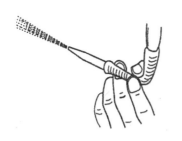

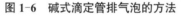

图 1-6　碱式滴定管排气泡的方法　　图 1-7　酸式滴定管的操作

⑤碱管的操作。使用碱管时，仍以左手握管，其拇指在前，食指在后，其余三手指辅助夹住出口部分。用拇指和食指捏住玻璃珠所在部位，向右边挤乳胶管，使玻璃珠移至手心一侧，这样，溶液即可从玻璃珠旁边的空隙流出，如

图 1-8 所示。注意，不要用力捏玻璃珠，也不要使玻璃珠上下移动，不要捏玻璃珠下部乳胶管，以免空气进入从而形成气泡，影响读数。

⑥边滴边摇瓶，要配合好滴定操作，可在锥形瓶或烧杯内进行。在锥形瓶内进行滴定时，用右手的拇指、食指和中指拿住锥形瓶，其余两指辅助在下侧，使瓶底离滴定台高约 2～3 cm，滴定管下端伸入瓶口内约 1 cm。左手握住滴定管，按前述方法，边滴加溶液边用右手摇动锥形瓶。两手操作姿势如图 1-9 所示。

在烧杯中滴定时，将烧杯放在滴定台上，调节滴定管的高度，使其下端伸入烧杯内约 1 cm。滴定管下端应在烧杯中心的左后方处（放在中央影响搅拌，离杯壁过近不利搅拌均匀）。左手滴加溶液，右手持玻璃棒搅拌溶液，如图 1-10 所示。玻璃棒应进行圆周搅动，不要碰到烧杯壁和烧杯底部。当滴至接近终点只滴加半滴溶液时，用玻璃棒下端承接此悬挂的半滴溶液于烧杯中，但要注意，玻璃棒只能接触液滴，不能接触管尖，其余操作同前所述。

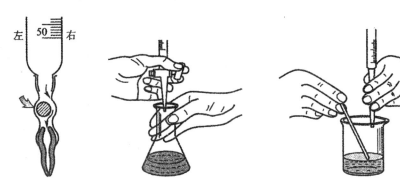

图 1-8　碱式滴定管的操作　　图 1-9　两手操作姿势　　图 1-10　在烧杯中的滴定操作

进行滴定操作时，应注意以下几个问题。

第一，最好每次滴定都从 0.00 mL 开始，或从接近 0 的任一刻度开始，这样可以减少滴定误差。

第二，滴定时，左手不能离开旋塞，否则会导致溶液自流。

第三，摇瓶时，应微动腕关节，使溶液向同一方向旋转（左、右旋转均可），不能前后振动，以免溶液溅出。不要因摇动使瓶口碰在管口上，以免造成事故。摇瓶时，一定要使溶液旋转出现一个旋涡，因此，摇动要有一定速度，不能摇得太慢，影响化学反应的进行。

第四，滴定时，要观察滴落点周围颜色的变化。不要去看滴定管上的刻度变化，而不顾滴定反应的进行。

第五，滴定速度的控制。开始时，滴定速度可稍快，呈"见滴成线"，这时为 $10 \ mL \cdot min^{-1}$，即每秒 $3 \sim 4$ 滴。不要滴成"水线"，这样的滴定速度太快。接近终点时，应改为一滴一滴地加入，即加一滴摇几下，再加，再摇。最后是每加半滴，摇几下锥形瓶，直至溶液出现明显的颜色变化为止。

第六，半滴的控制和吹洗。快到滴定终点时，要一边摇动，一边逐滴地加入，甚至是半滴半滴地加入。学生应该扎扎实实地练好加入半滴溶液的方法。用酸管加半滴溶液时，可轻轻转动旋塞，使溶液悬挂在出口管嘴上，形成半滴，用锥形瓶内壁将其沾落，再用洗瓶吹洗。用碱管加半滴溶液时，应先松开拇指与食指，将悬挂的半滴溶液沾在锥形瓶内壁上，再放开无名指和小指，这样可避免管出口尖嘴出现气泡。

滴入半滴溶液时，也可采用倾斜锥形瓶的方法，将附于壁上的溶液涮至瓶中。这样可避免吹洗次数太多，造成被滴物过度稀释。

⑦滴定管的读数。滴定管读数前，应注意管出口尖嘴有无挂水珠。若在滴定后挂有水珠读数是无法读准确的。读数应遵守下列原则。

第一，读数时应将滴定管从滴定管架上取下，用右手大拇指和食指捏住滴定管上部无刻度处，其他手指辅助，使滴定管保持垂直，然后再读数。一般不宜采用滴定管夹在滴定管架上读数的方法，因为它很难确保滴定管的垂直和准确读数。

第二，由于水的附着力和内聚力的作用，滴定管内的液面呈弯月形，无色和浅色溶液的弯月面比较清晰，读数时，应读弯月面下缘实线的最低点，因此，读数时，视线应与弯月面下缘实线的最低点相切，即视线应与弯月面下缘实线的最低点在同一水平面上。对于有色溶液（如 $KMnO_4$、I_2 等），其弯月面是不清晰的，读数时，视线应与液面两侧的最高点相切，这样才较易读准。

第三，为便于读数准确，在管装满或放出溶液后，必须等 $1 \sim 2 \ min$，使附着在管内壁的溶液流下来后，再读数。如果放出液的速度较慢（如接近计量点时就是如此），那么等 $0.5 \sim 1 \ min$ 后，即可读数。每次读数前，都要看一下管壁有没有挂水珠，管的出口尖嘴处有无悬液滴，管嘴有无气泡。

第四，读取的数值必须读至小数点后第二位，即要求估计到 $0.01 \ mL$。正确掌握估计到 $0.01 \ mL$ 读数的方法很重要。滴定管上两个小刻度之间为 $0.1 \ mL$，要估计其十分之一的值，对一个分析工作者来说是要进行严格训练的。因此，可以这样来估计：当液面在两小刻度之间时，即 $0.05 \ mL$；当液面在两小刻度的三分之一处时，即 $0.03 \ mL$ 或 $0.07 \ mL$；当液面在两小刻度的五分之一处时，即 $0.02 \ mL$ 或 $0.08 \ mL$；等等。

第五，对于蓝带滴定管，其读数方法与上述相同。当蓝带滴定管盛放溶液后，将有两个弯月面的上下两个尖端相交，此上下两尖端相交点的位置，即蓝带管的正确读数位置。

第六，为便于读数，可采用读数卡，它有利于初学者练习读数。读数卡是用贴有黑纸或涂有黑色长方形（约 3 cm×1.5 cm）的白纸板制成。读数时，将读数卡放在滴定管背后，使黑色部分在弯月面下约 1 mL 处，此时即可看到弯月面的反射层全部变成黑色。然后，读此黑色弯月面下缘的最低点。注意：对于有色溶液需读其两侧最高点时，要用白色卡片作为背景。

3. 容量瓶

容量瓶是一种细颈梨形的平底玻璃瓶，带有玻璃磨口及玻璃塞或塑料塞，可用橡皮筋将塞子系在容量瓶颈上，其颈上有标度刻线，一般表示 20 ℃时液面到达标度刻线时的准确容积。

容量瓶的精度级别分为 A 级和 B 级。常用容量瓶的容量允差见表 1-5。

表 1-5 常用容量瓶的容量允差

标称容量 / mL		5	10	25	50	100	200	250	500	1 000	2 000
容量允差 / mL（±）	A	0.02	0.02	0.03	0.05	0.10	0.15	0.15	0.25	0.40	0.60
	B	0.04	0.04	0.06	0.10	0.20	0.30	0.30	0.50	0.80	1.20

容量瓶主要用于配制准确浓度的溶液或定量地稀释溶液，故常和分析天平、移液管配合使用，把配成溶液的某种物质分成若干等份或不同的质量。为了正确地使用容量瓶，应注意以下几点。

（1）容量瓶的检查

①瓶塞是否漏水。

②标度刻线位置距离瓶口是否太近。如果漏水或标度刻线离瓶口太近，不便混匀溶液，则不宜使用。

检查瓶塞是否漏水的方法如下：将自来水加至标度刻线附近，盖好瓶塞后，用左手食指按住瓶塞，其余手指拿住瓶颈标度刻线以上部分，用右手指尖托住瓶底边缘，如图 1-11 所示。将容量瓶倒立 2 min，如果不漏水，将容量瓶直立，转动瓶塞180°后，再倒立 2 min 后检查，如果不漏水，方可使用。

（2）溶液的配制

用容量瓶配制标准溶液或分析试液时，最常用的方法是将待溶固体称出置于小烧杯中，加水或其他溶剂将固体溶解，然后将溶液定量转入容量瓶中。定量转移溶液时，右手拿玻璃棒，左手拿烧杯，使烧杯嘴紧靠玻璃棒，玻璃棒悬空伸入容量瓶中，玻璃棒的下端应靠在瓶颈内壁上，使溶液沿玻璃棒和内壁流入容量瓶中，如图 1-12 所示。烧杯中的溶液流完后，将玻璃棒和烧杯稍微向上提起，并使烧杯直立，再将玻璃棒放回烧杯中，然后，用洗瓶吹洗玻璃棒和烧杯内壁，再将溶液定量转入容量瓶中。如此吹洗、转移的定量转移溶液的操作，一般应重复 5 次以上，以保证定量转移。加水至容量瓶的四分之三左右容积时，用右手食指和中指夹住瓶塞的扁头，将容量瓶拿起，向同一方向摇动几周，使溶液初步混匀。继续加水至距离标度刻线约 1 cm 处后，等待 1 ～ 2 min 使附在瓶颈内壁的溶液流下后，再用细而长的滴管滴加水至弯月面下缘与标度刻线相切（注意，勿使滴管接触溶液，也可用洗瓶加水至标度刻线）。无论溶液有无颜色，其加水位置标准均为弯月面下缘与标度刻线相切。当加水至容量瓶的标度刻线时，盖上瓶塞，用左手食指按住瓶塞，其余手指拿住瓶颈标度刻线以上部分，用右手的全部指尖托住瓶底边缘，然后将容量瓶倒转，使气泡上升到顶部，振荡容量瓶混匀溶液，再将容量瓶直立过来，然后将容量瓶倒转，使气泡上升到顶部，振荡溶液，如此反复 10 次左右。

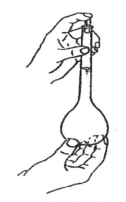
图 1-11　检查漏水的操作

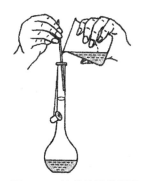
图 1-12　转移溶液的操作

（3）稀释溶液

用移液管移取一定体积的溶液于容量瓶中，加水至标度刻线，按前述方法混匀溶液。

（4）不宜长期保存试剂溶液

如果配制好的溶液需保存，应转移至磨口试剂瓶中，不要将容量瓶当作试剂瓶使用。

（5）使用完毕应立即用水冲洗干净

如果长期不用容量瓶，其磨口处应洗净擦干，并用纸片将磨口隔开。

容量瓶不得在烘箱中烘烤，也不能在电炉等加热器上直接加热。如果需要使用干燥的容量瓶，可将容量瓶洗净后，用乙醇等有机溶剂荡洗后晾干或用电吹风的冷风吹干。

4.移液管和吸量管

移液管是用于准确量取一定体积溶液的量出式玻璃量器，它的中间有一膨大部分［见图1-13（a）］，管颈上部刻有一圈标度刻线，在标明的温度下，使溶液的弯月面与移液管标度刻线相切，让溶液按一定的方法自由流出，则流出的体积与管上标明的体积相同。移液管按其容量精度分为A级和B级。常用移液管的容量允差见表1-6。

表1-6　常用移液管的容量允差

标称容量 /mL		2	5	10	20	25	50	100
容量允差 /mL（±）	A	0.010	0.015	0.020	0.030	0.030	0.050	0.080
	B	0.020	0.030	0.040	0.060	0.060	0.100	0.160

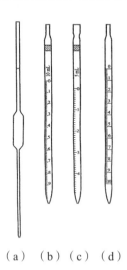

（a）（b）（c）（d）

图1-13　移液管和吸量管

吸量管是具有刻度的玻璃管，如图1-13（b）（c）（d）所示。它一般只用于量取小体积的溶液。常用的吸量管有1 mL、2 mL、5 mL、10 mL等规格，吸量管吸取溶液的准确度不如移液管。

（1）移液管和吸量管的润洗

移取溶液前，可用吸水纸将洗干净的管尖端内外的水除去，然后用待吸溶液润洗 3 次。润洗方法：用左手持洗耳球，将食指或拇指放在洗耳球的上方，其余手指自然地握住洗耳球，用右手的拇指和中指拿住移液管吸量标线以上的部分，无名指和小指辅助拿住移液管，将洗耳球对准移液管口，如图 1-14 所示，将管尖伸入溶液或洗液中吸取，当吸取溶液至球部的四分之一处（注意，勿使溶液流回，以免稀释溶液）时移出，荡洗、弃去，如此反复荡洗 3 次，润洗过的溶液应从尖口放出、弃去。荡洗这一步骤很重要，它是保证管的内壁及有关部位与待吸溶液处于同一体系浓度状态的。吸量管的润洗操作与此相同。

（2）移取溶液

移液管经润洗后，移取溶液时，将移液管直接插入待吸液液面下 1～2 cm 处。管尖不应伸入太浅，以免液面下降造成吸空；管尖也不应伸入太深，以免移液管外部附有过多的溶液。吸液时，应注意容器中液面和管尖的位置，应使管尖随液面下降而下降。当洗耳球慢慢放松时，管中的液面徐徐上升，当液面上升至标线时，迅速移去吸耳球。与此同时，用右手食指堵住管口，左手改拿盛待吸液的容器。然后，将移液管往上提起，使之离开液面，并将移液管的下端伸入溶液的部分沿待吸液容器内部轻转两圈，以除去管壁上的溶液。然后使容器倾斜约 30°，其内壁与移液管尖紧贴，此时右手食指微微松动，使液面缓慢下降，直到视线平视时弯月面与标度刻线相切，这时立即用食指按紧管口。移开待吸液容器，左手改拿接收溶液的容器，并将接收容器倾斜成 30° 左右，使其内壁紧贴移液管尖，然后放松右手食指，使溶液自然地沿内壁流下，如图 1-15 所示。待液面下降到管尖后，等 15 s 左右，移出移液管。这时，若管尖仍留有少量溶液，对此，除特别注明"吹"字的以外，一般此管尖留存的溶液是不能吹入接收容器中的，因为在工厂生产检定移液管时是没有把这部分体积算进去的。但必须指出，由于一些管口尖部做得不够圆滑，因此可能会随着接收容器内壁的管尖部位的不同方位而使留存在管尖部位的体积有大小的变化，为此，可在等 15 s 后，将管身左右旋动一下，这样管尖部分每次留存的体积会基本相同，不会导致平行测定时的过大误差。

用吸量管吸取溶液时，大体与上述操作相同。但吸量管上常标有"吹"字，特别是 1 mL 以下的吸量管尤其如此，对此要特别注意。

图 1-14　吸取溶液的操作　　图 1-15　放出溶液的操作

5. 分析天平

分析天平是分析化学实验中最重要、最常用的仪器之一。常用的分析天平有半自动电光天平、全自动电光天平、单盘电光天平和电子天平等。

（1）分析天平的分类

根据分析天平的结构特点，可分为等臂（双盘）分析天平、不等臂（单盘）分析天平和电子天平三类。它们的载荷一般在 100～1 000 g。

根据分度值的大小，分为常量分析天平（0.1 mg/ 分度）、微量分析天平（0.01 mg / 分度）和超微量分析天平（0.001 mg / 分度）。

常用分析天平的规格型号见表 1-7。这里重点介绍等臂（双盘）半机械加码电光天平和电子天平。

表 1-7　常用分析天平的规格型号

种　类	型　号	名　称	规　格
双盘天平	TG328A	全机械加码电光天平	200 g/0.1 mg
	TG328B	半机械加码电光天平	200 g/0.1 mg
	TG332A	微量天平	20 g/0.01 mg
单盘天平	DT-100	单盘精密天平	100 g/0.1 mg
	DTG-160	单盘电光天平	160 g/0.1 mg
电子天平	FA1604	上皿式电子天平	160 g/0.1 mg
	JA2003	上皿式电子天平	200 g/0.1 mg

（2）等臂（双盘）半机械加码电光天平

等臂（双盘）天平是根据杠杆原理制造的。各种型号的等臂（双盘）天平的构造和使用方法大同小异。现以 TG328B 型半自动电光天平为例，介绍这类天平的构造和使用方法，其外形和构造如图 1-16 所示。

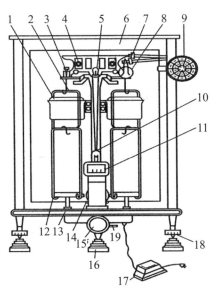

1. 阻尼内筒；2. 吊耳；3. 平衡砣；4. 横梁；5. 支点刀；6. 框罩；
7. 支力销；8. 圆形砝码；9. 指数盘；10. 指针；11. 投影屏；12. 称盘；
13. 盘托；14. 折叶；15. 旋钮；16. 垫脚；17. 变压器；18. 螺旋脚；19. 微调杆

图 1-16　半自动电光天平

①天平横梁是天平的主要部件，一般由铝铜合金制成。三个玛瑙刀等距安装在横梁上，横梁的两边装有 2 个平衡螺丝，用来调节横梁的平衡位置（即粗调零点），横梁的中间装有垂直的指针，用以指示平衡位置。支点刀的后上方装有重心螺丝，用以调整天平的灵敏度。

分析天平必须具有足够的灵敏度。天平的灵敏度是指在一个称盘上加 1 mg 物质时所引起指针偏斜的程度。指针倾斜程度大表示天平的灵敏度高。设天平的臂长为 l，d 为天平横梁的重心与支点间的距离，m 为横梁的质量，α 为在一个盘上加 1 mg 物质时引起指针倾斜的角度，它们之间的关系为

$$a = \frac{l}{md}$$

α 即天平的灵敏度。由上式可见，天平臂越长，横梁越轻，支点与重心间的距离越短即重心越高，则天平的灵敏度越高。由于同一台天平的臂长和梁的质量都是固定的，所以只能通过调整重心螺丝的高度来改变支点到重心的距离以得到合适的灵敏度。另外，天平的臂在载重时略向下垂，因而臂的实际长度减小，梁的重心也略向下移，故天平载重后的灵敏度会减小。

天平的灵敏度常用分度值或感量表示。分度值与灵敏度互为倒数关系，即

分度值 = 感量 =1/ 灵敏度

检查电光天平的灵敏度时，通常在天平盘上加 10 mg 片码（或 10 mg 游码），天平的指针偏 98 ～ 102 格即合格。灵敏度为 10 格 / mg，分度值为 0.1 mg / 格，常称之为"万分之一"的天平。

②天平正中是立柱，它安装在天平底板上。立柱的上方嵌有一块玛瑙平板，与支点刀口相接触。立柱的上部装有能升降的托梁架，关闭天平时它托住天平横梁，使刀口脱离接触以减少磨损。立柱的中部装有空气阻尼器的外筒。

③悬挂系统。

a. 吊钩的平板下面嵌有光面玛瑙，与支点刀口相接触，使吊钩及秤盘、阻尼器内筒能自由摆动。

b. 空气阻尼器，由两个特制的铝合金圆筒组成，外筒固定在立柱上，内筒挂在吊耳上。两筒间隙均匀，没有摩擦，开启天平后，内筒能自由上下运动，由于筒内空气的阻力作用使天平横梁很快停摆，从而达到平衡。

c. 秤盘，天平的两个秤盘分别挂在吊耳上，左盘放被称物，右盘放砝码。

吊耳、阻尼器内筒、秤盘上一般都刻有"1""2"标记，安装时要分左、右配套使用。

④读数系统，指针下端装有缩微标尺，光源通过光学系统将缩微标尺上的分度线放大，再反射到光屏上，从屏上可看到标尺的投影，中间为零，左负右正。屏中央有一条垂直刻线，标尺投影与该线重合处即天平的平衡位置。天平箱下的投影屏调节杠可使光屏在小范围内左右移动，用于细调天平零点。

⑤天平升降旋钮位于天平底板正中，它连接托梁架、盘托和光源。开启天平时，顺时针旋转升降旋钮，托梁架即下降，横梁上的三个刀口与相应的玛瑙平板接触，吊钩及秤盘自由摆动，同时接通了光源，屏幕上显出标尺的投影，天平已进入工作状态。停止称量时，关闭升降旋钮，则横梁、吊耳及秤盘被托住，刀口与玛瑙平板分开，光源切断，屏幕黑暗，天平进入休止状态。

⑥天平箱下装有三个脚，前面的两个脚带有旋钮，可使底板升降，用以调

节天平的水平位置。天平立柱的后上方装有气泡水平仪，用以指示天平的水平位置。

⑦机械加码转动圈码指数盘，可使天平横梁右端吊耳上加 10 ～ 990 mg 圈形砝码。指数盘上刻有圈形砝码的质量值，内层为 10 ～ 90 mg 组，外层为 100 ～ 900 mg 组。

⑧每台天平都附有一盒配套使用的砝码。盒内装有 1 g、2 g、2 g、5 g、10 g、20 g、20 g、50 g、100 g 的砝码共九个。

标称值相同的砝码，其实际质量可能有微小的差异，所以分别用单点"."或单星"*"、双点".."或双星"**"作标记以示区别。取用砝码时要用镊子，用完及时放回盒内并盖严。

之前我国生产的砝码（不包括机械挂码）分为 5 等，其中 1、2 等砝码主要为计量部门用作基准或标准砝码使用；3 ～ 5 等砝码为工作用砝码。双盘分析天平上通常配备 3 等砝码。国家计量检定规程《砝码》（JJG99-1990）中将砝码按其有无修正值分为两类：有修正值的砝码分为 1、2 等，其质量按标称值加修正值计；无修正值的砝码分为 9 个级别，其质量按标称值计。原来的 3 等砝码与现在 4 级砝码的精度相近。

砝码产品均附有质量检定证书。砝码使用一定时间（一般为 1 年）后应对其质量进行核准。砝码在使用及存放过程中要保持清洁，3 等及 4 级以上的砝码不得用手直接拿取。要防止刮伤及腐蚀砝码表面，定期用无水乙醇或丙酮擦拭，擦拭时应用真丝布，并注意避免溶剂渗入砝码的调整腔内。

（3）分析天平的使用方法

分析天平是精密仪器，使用时要认真、仔细，遵守分析天平的使用规则，做到正确使用分析天平，准确快速完成称量而又不损坏天平。

①天平称量前的检查与准备。拿下防尘罩，叠平后放在天平箱上方。检查天平是否正常，例如，天平是否水平，秤盘是否洁净，圈码指数盘是否在"000"位，圈码有无脱位，吊耳有无脱落、移位等。

检查和调整天平的空盘零点。每个学生都应会做这一操作，掌握用平衡螺丝（粗调）和投影屏调节杠（细调）调节天平零点，这是分析天平称重练习的基本内容之一。

②称量。要求快速称量，或怀疑被称物可能超过最大载荷时，可用架盘药物天平（台秤）粗称。

将待称物置于天平左盘的中央，关上天平左门。按照"由大到小，中间截取，逐级试重"的原则在右盘加减砝码。试重时应半开天平，观察指针偏移方向或标尺投影移动方向，以判断左右两盘的轻重和所加砝码是否合适和如何调整。注意：指针总是偏向轻盘，标尺投影总是向重盘方向移动。先调定克以上砝码（应用镊子取放），关上天平右门。再依次调整百 mg 组圈码和 10 mg 组圈码，每次都从中间量（500 mg 和 50 mg）开始调节。调定 10 mg 组圈码后，再完全开启天平，准备读数。

读数砝码调定，全开天平，待标尺停稳后即可读数。被称物的质量等于砝码总量加标尺读数（均以克计）。标尺读数在 9 ～ 10 mg 时，可再加 10 mg 圈码，从屏上读取标尺负值，记录时将此读数从砝码总量中减去。

复原称量、记录完毕，即应关闭天平，取出被称物，将砝码夹回盒内，圈码指数盘退回到"000"位，关闭天平两侧门，盖上防尘罩，并在天平使用登记本上登记。

（4）电子天平

电子天平是最新一代的天平，是根据电磁力平衡原理直接称量的，全量程不需要砝码，放上被称物后，在几秒钟内即可达到平衡，显示读数。电子天平称量速度快，精度高。它的支撑点用弹性簧片取代机械天平的玛瑙刀口，用差动变压器取代升降枢装置，用数字显示取代指针刻度式。因而，电子天平具有使用寿命长、性能稳定、操作简便和灵敏度高的特点。此外，电子天平还具有自动校正、自动去皮、超载指示、故障报警以及质量电信号输出功能，并且可与打印机、计算机联用，进一步扩展其功能，如统计称量的最大值、最小值、平均值及标准偏差等。由于电子天平具有机械天平无法比拟的优点，虽然其价格较高，但也会越来越广泛地应用于各个领域并逐步取代机械天平。一般的电子天平使用步骤如下。

①调平，在天平开机前，应观察天平后部水平仪内的水泡是否位于圆环的中央，否则通过天平的地脚螺栓调节，左旋升高，右旋下降。

②预热，天平在初次接通电源或长时间断电后开机时，至少需要 30 分钟的预热时间。因此，实验室电子天平在通常情况下，不要经常切断电源。

③称量，按下"ON/OFF"键，接通显示器，等待仪器自检，当显示器显示零时，自检过程结束，天平可进行称量，放置称量纸，按显示屏两侧的"Tare"键去皮，待显示器显示零时，在称量纸上加所要称量的试剂称量。称量完毕，按"ON/OFF"键，关断显示器。

（5）称量方法

根据不同的称量对象和不同的天平（如机械天平和电子天平），需采用相应的称量方法和操作步骤。对机械天平而言，几种常用的称量方法如下。

①直接称量法。此法用于称量物体的质量。例如，称量某小烧杯的质量，容量器皿校正中称量某容量瓶的质量，重量分析实验中称量某坩埚的质量等，都使用直接称量法。直接称量法适于称量洁净干燥的、不易潮解或升华的固体试样。

②固定质量称量法。固定质量称量法又称增量法。此法用于称量某一固定质量的试剂（如基准物质）或试样。这种称量操作的速度很慢，适于称量不易吸潮、在空气中能稳定存在的粉末状或小颗粒（最小颗粒应小于 0.1 mg）样品，以便容易调节其质量。

注意：采用固定质量称量法（如图 1-17 所示）时，若不慎加入试剂超过指定质量，应先关闭升降旋钮，然后用牛角匙取出多余试剂。重复上述操作，直至试剂质量符合指定要求为止。取出的多余试剂应弃去，不要放回原试剂瓶中。操作时不能将试剂散落于天平左盘表面皿等容器以外的地方，称量好的试剂必须定量地由表面皿等容器直接转入接收器，即所谓"定量转移"。

图 1-17　固定质量称量法

③递减称量法。递减称量法又称减量法。此法用于称量一定质量范围的样品或试剂。在称量过程中样品易吸水、易氧化或易与 CO_2 反应时，可选择此法。由于称取试样的质量是由两次称量之差求得，故又称差减法。称量步骤如下。

从干燥器中取出称量瓶（注意：不要让手指直接触及称量瓶和瓶盖），用小纸片夹住称瓶盖柄，打开瓶盖，用牛角匙加入适量试样（一般为称一份试样量的整数倍），盖上瓶盖。将称量瓶置于天平左盘（称量瓶拿法见图 1-18）。称出称量瓶加试样后的准确质量。

将称量瓶取出，在接收器的上方倾斜瓶身，用称量瓶盖轻敲瓶口上部使试样慢慢落入容器中（见图1-19）。当倾出的试样接近所需量（可从体积上估计或试重得知）时，一边继续用瓶盖轻敲瓶口，一边逐渐将瓶身竖直，使粘附在瓶口上的试样落下，然后盖好瓶盖，把称量瓶放回天平左盘，准确称取其质量。两次质量之差，即试样的质量。按上述方法连续递减，可称取多份试样。有时一次操作很难得到合乎质量范围要求的试样，可多进行两次相同的操作过程。

图1-18 称量瓶拿法

图1-19 从称量瓶中敲出试样的操作

（6）使用天平的注意事项

①开、关天平，放、取被称物，开、关天平侧门以及加、减砝码等，其动作都要轻、缓，切不可用力过猛、过快，以免造成天平部件脱位或损坏。

②调定零点和读取称量读数时，要留意天平门是否已关好；要立即将称量读数记录在实验报告本中。调定零点和称量读数后，应随手关好天平。加、减砝码或被称物必须在天平处于关闭状态下进行（单盘天平允许在半开状态下调整砝码）。砝码未调定时不可完全开启天平。

③对于热的或过冷的被称物，应将其置于干燥器中直至其温度同天平室温度一致后才能进行称量。

④天平的前门仅供安装、检修和清洁时使用，通常不要打开。

⑤通常在天平箱内放置变色硅胶作干燥剂，当变色硅胶失效后应及时更换。注意保持天平、天平台和天平室的安全、整洁和干燥。

⑥必须使用指定的天平及该天平所附的砝码。如果发现天平不正常，应及时报告老师或实验室工作人员，不要自行处理。称量完成后，应及时对天平进行还原，并在天平使用登记本上进行登记。

6. 酸度计

（1）酸度计简介

酸度计是对溶液中氢离子活度产生选择性响应的一种电化学传感器。在理论上，溶液的酸度可以这样测得：以参比电极、指示电极和溶液组成工作电池，测量出电池的电动势。以已知酸度的标准缓冲溶液的 pH 值为基准，比较标准缓冲溶液所组成的电池的电动势和待测试液组成的电池的电动势，从而得出待测试液的 pH 值。

酸度计由电极和电动势测量部分组成。电极用来与试液组成工作电池；电动势测量部分则将电池产生的电动势进行放大和测量，最后显示出溶液的 pH 值。多数酸度计还兼有毫伏测量挡，可直接测量电极电位。如果配上合适的离子选择电极，还可以测量溶液中某一种离子的浓度（活度）。

酸度计通常以玻璃电极为指示电极，饱和甘汞电极为参比电极。玻璃电极的下端是一个玻璃球泡，球泡内装有一定 pH 值的内标准缓冲溶液，电极内还装有一个银 – 氯化银电极作为内参比电极，玻璃电极的电极电位随溶液 pH 值的变化而改变。饱和甘汞电极是由汞、甘汞（Hg_2Cl_2）和饱和氯化钾溶液组成，其电极电位稳定，不随溶液 pH 值的变化而改变。当玻璃电极与饱和甘汞电极以及待测溶液组成工作电池时，在 25 ℃下，该工作电池所产生的电池电动势为

$$E = K' + 0.59\, V_{pH}$$

式中，K' 为常数，测量这一电动势就可获得待测溶液的 pH 值。

用于对酸度计进行校正的 pH 标准溶液，应保证其 pH 值稳定不变，一般采用缓冲溶液，即 pH 标准缓冲溶液。不同温度下标准缓冲溶液的 pH 值见表 1-8。标准缓冲溶液的配制方法见表 1-9。

表 1-8　不同温度下标准缓冲溶液的 pH 值

t / ℃	0.05 mol·L^{-1} 四草酸钾	饱和酒石酸氢钾	0.05 mol·L^{-1} 邻苯二甲酸氢钾	0.025 mol·L^{-1} 磷酸二氢钾和磷酸氢二钠	0.01 mol·L^{-1} 四硼酸钠
0	1.67	—	4.01	6.98	9.40
5	1.67	—	4.01	6.95	9.39
10	1.67	—	4.00	6.92	9.33
15	1.67	—	4.00	6.90	9.27
20	1.68	—	4.00	6.88	9.22

续表

$t/℃$	0.05 mol·L⁻¹ 四草酸钾	饱和酒石酸氢钾	0.05 mol·L⁻¹ 邻苯二甲酸氢钾	0.025 mol·L⁻¹ 磷酸二氢钾和磷酸氢二钠	0.01 mol·L⁻¹ 四硼酸钠
25	1.69	3.56	4.01	6.86	9.18
30	1.69	3.55	4.01	6.84	9.14
35	1.69	3.55	4.02	6.84	9.10
40	1.70	3.54	4.03	6.84	9.07
45	1.70	3.55	4.04	6.83	9.04
50	1.71	3.55	4.06	6.83	9.01
55	1.72	3.56	4.08	6.84	8.99
60	1.73	3.57	4.10	6.84	8.96

表 1-9　标准缓冲溶液的配制方法

试剂名称	分子式	浓度 / (mol·L⁻¹)	试剂的干燥与预处理	缓冲溶液的配制方法
四草酸钾	$KH_3(C_2O_4)_2 \cdot 2H_2O$	0.05	（57±2）℃下干燥至恒重	12.709 6 g $KH_3(C_2O_4)_2 \cdot 2H_2O$ 溶于适量蒸馏水，定量稀释至 1 L
酒石酸氢钾	$KC_4H_5O_6$	饱和	不必预先干燥	$KC_4H_5O_6$ 溶于（25±3）℃蒸馏水中直至饱和
邻苯二甲酸氢钾	$KHC_8H_4O_4$	0.05	（110±5）℃下干燥至恒重	10.211 2 g $KHC_8H_4O_4$ 溶于适量蒸馏水中，定量稀释至 1 L
磷酸二氢钾和磷酸氢二钠	KH_2PO_4 和 Na_2HPO_4	0.025	KH_2PO_4 在（110±5）℃下干燥至恒重，Na_2HPO_4 在（120±5）℃下干燥至恒重	3.402 1 g KH_2PO_4 和 3.5490 g Na_2HPO_4 溶于适量蒸馏水，定量稀释至 1 L
四硼酸钠	$Na_2B_4O_7 \cdot 10H_2O$	0.01	$Na_2B_4O_7 \cdot 10H_2O$ 放在含有 NaCl 和蔗糖饱和液的干燥器中	3.813 7 g $Na_2B_4O_7$, $10H_2O$ 溶于适量除去 CO_2 的蒸馏水中，定量稀释至 1 L

标准缓冲溶液须保存在盖紧的玻璃瓶或塑料瓶中（硼砂溶液应保存在塑料瓶中）。一般几周内可保持 pH 值稳定不变，低温保存可延长其使用时间。在电极浸入 pH 标准缓冲溶液之前，玻璃电极与甘汞电极应用蒸馏水充分冲洗，并用滤纸轻轻吸干，以免标准缓冲溶液被稀释或沾污。pH 标准缓冲溶液在稳定期内可多次使用。如果已经变质发混，则应弃去。

在使用酸度计测 pH 值时，一般只要有酸性、近中性和碱性三种标准就可以了。应选用与待测溶液的 pH 值相近的 pH 标准缓冲溶液来校正酸度计，这样可减少测量误差。

目前广泛应用的是直读式酸度计（电位计式少用），它实际上是一台高输入阻抗的直流毫伏计。测出的电池的电动势经阻抗变换后进行直流放大，带动电表直接显示出溶液的 pH 值。目前，国产的酸度计型号繁多，精度不同（如 pHS-25 型酸度计的测量精度为 0.1 pH 或 10 mV，pHS-2 型酸度计为 0.02 pH 或 2 mV，pHS-3C 型数字式酸度计为 0.01 pH 或 1 mV），其使用方法也有差异，应按照仪器所附的使用说明书进行操作。

（2）pHS-2 型酸度计

pHS-2 型酸度计是一种较为精密的高阻抗输入的直流毫伏计，它是用电位法测量溶液中氢离子浓度常用的仪器。pHS-2 型酸度计的面板结构如图 1-20 所示。

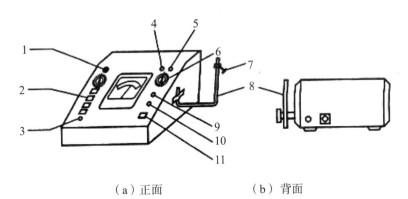

（a）正面　　　　　（b）背面

1.指示灯；2.pH；3.调零；4.甘汞电极；5.玻璃电极；
6.量程扩展；7.电极夹；8.电极杆；9.校正；10.定位；11.测量键

图 1-20　pHS-2 型酸度计的面板结构

测量溶液 pH 值时，按下述方法进行操作。

①电极安装。先把电极夹夹在电极杆上，然后将玻璃电极夹在电极夹子上，

玻璃电极的插头插在电极插口内，并将小螺丝旋紧。甘汞电极夹在另一电极夹子上，甘汞电极引线连接在接线柱上。使用时应把上面的小橡皮塞和下端橡皮塞拔去，以保持液位压差，不用时要把它们套上。

②校正。如果要测量 pH 值，先按下按键，但读数开关仍保持不按下状态。左上角指示灯应亮，为要保持仪表稳定，测量前要预热半小时以上。

a. 用温度计测量被测溶液的温度。

b. 将温度补偿器调节到被测溶液的温度值。

c. 将分挡开关放在"6"位置上，调节零点调节器，使指针指在 pH"1.00"上。

d. 将分挡开关放在"校"位置上，调节校正调节器，使指针指在满刻度。

e. 将分挡开关放在"6"位置上，重复检查 pH 值为"1.00"的位置。

f. 重复 c 和 d 两个步骤。

③定位。仪器附有三种标准缓冲溶液（pH 值分别为 4.00、6.86、9.20），可选用其中一种与被测溶液的 pH 值较接近的缓冲溶液对仪器进行定位。仪器定位操作步骤如下。

a. 向烧杯内倒入标准缓冲溶液，按溶液温度查出该温度下溶液的 pH 值。根据这个数值，将分挡开关放在合适的位置上。

b. 将电极插入缓冲溶液，轻轻摇动，按下读数开关。

c. 调节定位调节器使指针指在缓冲溶液的 pH 值（即分挡开关上的指示数加表盘上的指示数），至指针稳定为止。重复调节定位调节器。

d. 开启读数开关，将电极上移，移去标准缓冲溶液，用蒸馏水清洗电极头部，并用滤纸将水吸干。这时，仪器已定好位，后面测量时，不得再动定位调节器。

④测量。

a. 放上盛有待测溶液的烧杯，移下电极，将烧杯轻轻摇动。

b. 按下读数开关，调节分挡开关，读出溶液的 pH 值。如果指针打出左面刻度，则应减少分挡开关的数值。如果指针打出右面刻度，应增加分挡开关的数值。

c. 重复读数，待读数稳定后，放开读数开关，移走溶液，用蒸馏水冲洗电极，将电极保存好。

d. 关上电源开关，套上仪器罩。

（3）pHS-3C 型酸度计

pHS-3C 型酸度计是一种精密数字显示 pH 计，其测量范围宽，重复性误差小。pHS-3C 型酸度计的面板结构如图 1-21 所示。

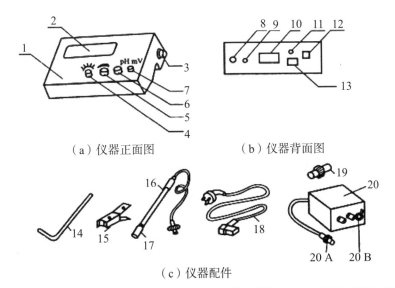

（a）仪器正面图　　　　　　（b）仪器背面图

（c）仪器配件

1. 前面板；2. 显示屏；3. 电极梗插座；4. 温度补偿调节旋钮；5. 斜率补偿调节旋钮；
6. 定位调节旋钮；7. 选择旋钮（pH 或 mV）；8. 测量电极插座；9. 参比电极插座；
10. 铭牌；11. 保险丝；12. 电源开关；13. 电源插座；14. 电极梗；15. 电极夹；
16. E-201-C 型塑壳可充式 pH 复合电极；17. 电极套；18. 电源线；19. 短路插头；
20. 电极插转换器；20A. 转换器插头；20B. 转换器插座

图 1-21　pHS-3C 酸度计的面板结构

测量溶液 pH 值时，按下述方法进行操作。

①电极安装。将电极梗插入电极架插座，电极夹夹在电极栅上，E-201-C 型塑壳可充式 pH 复合电极夹在电极夹上，拔下其前端的电极套，用蒸馏水清洗电极，再用滤纸吸干电极底部的水分。

②开机。将电源线插入电源插座，按下电源开关。

电源接通后，预热 30 min，接着进行标定。

③标定。将选择旋钮调到 pH 挡；调节温度补偿旋钮，使旋钮白线对准溶液温度值，把斜率补偿调节旋钮顺时针旋到底，把清洗过的电极插入 pH 值为 6.86 的标准缓冲溶液中，调节定位调节旋钮，使仪器显示读数与该缓冲溶液的 pH 值一致。用蒸馏水清洗电极，再用 pH 值为 4.00 或 9.18 的标准缓冲溶液重复操作，将斜率补偿调节旋钮到 pH 值为 4.00 或 9.18，直至不用再调节定位或斜率补偿两个调节旋钮为止。至此，完成仪器的标定。

注意：一般情况下，在 24 h 内仪器不需再标定，经标定的仪器定位及斜率调节旋钮不应再有变动。

④测量溶液的 pH 值。用蒸馏水清洗电极头部，用滤纸吸干，将电极浸入被测溶液中，用玻璃棒搅拌溶液，使溶液均匀，在显示屏上读出溶液的 pH 值。若被测溶液与定位溶液的温度不同时，则先调节温度补偿调节旋钮，使旋钮白线对准被测溶液的温度值，再将电极插入被测溶液中，读出该溶液的 pH 值。

7. 分光光度计

（1）721 分光光度计的使用方法

①在接通电源之前，电表的指针必须位于 "0" 刻度线，否则应旋转电表上的校正螺丝将其调节到位。

②打开比色皿室的箱盖和电源开关，使光电管在无光照射的情况下预热 15 min 以上。

③旋转波长调节器，选择测定所需的单色光波长。选择适当的灵敏度，一般先将灵敏度旋钮调至中间位置，用零点调节器调节电表指针至 t 值为 10% 处。若不能调到该位置，应适当增加灵敏度。

④放入空白溶液和待测溶液，使空白溶液置于光路中，盖上比色皿室的箱盖，使光电管受光，调节光量调节旋钮使电表指针在 t 值为 100% 处。

⑤打开比色皿室的箱盖（关闭光门），调节零点调节器使电表指针在 t 值为 0% 处，然后盖上箱盖（打开光门），调节光量调节旋钮使电表指针在 t 值为 100% 处。如此反复调节，直到关闭光门时和打开光门时指针分别在 t 值为 0% 和 100% 处为止。

⑥将待测溶液置于光路中，盖上箱盖，由此时指针的位置读得待测溶液的 t 值或 a 值。

⑦测量完毕，关闭开关，取下电源插头，取出比色皿洗净擦干并放好，盖好比色皿暗箱，盖好仪器。

（2）721 分光光度计的使用注意事项

①使用比色皿，只能拿毛玻璃的两面，并且必须用擦镜纸擦干透光面，以保护透光面不受损坏或产生斑痕。在用比色皿装溶液前必须用所装溶液润洗 3 次，以免改变溶液的浓度。比色皿在放入比色架时，应尽量使它们的前后位置一致，以减少测量误差。

②需要大幅度改变波长时，在调整 t 值为 0% 和 100% 之后，应稍等片刻（因钨丝灯在急剧改变亮度后，需要一段热平衡时间），待指针稳定后再调整 t 值为

0% 和 100%。

③当被测溶液浓度太大时，可在空白溶液处加一块中性滤光片（所谓中性是指它们在很宽的波长范围内的透光率基本相同），其 a 值有 0.5、1 和 1.5 三种。所谓 a 值为 1 是标称值，实际 a 值在 1 左右，必须经使用的仪器在实际使用的波长下测定其实际数值。例如，测得吸光片的实际数值为 0.95，在空白溶液处加此吸光片后，被测溶液在电表上的读数为 0.74，则该溶液的实际值为：0.74+0.95=1.69。

④根据溶液的含量大小选择不同光程长度的比色皿，使电表读数 a 值为 0.1 ～ 1，这样可以得到较高的准确度。

⑤为确保仪器工作稳定，在电源电压波动较大的地方，应加一个稳定电源。同时仪器应保持接地良好。

⑥在仪器的底部有两只干燥剂筒，应经常检查。发现干燥剂失效时，应立即更换或烘干后再用。比色皿暗箱内的硅胶也应定期取出烘干后再放回原处。

⑦为了避免仪器积灰和沾污，在停止工作时，应用仪器罩罩住仪器。仪器在工作几个月或经搬动后，要检查波长的准确性，以确保仪器的正常使用和测定结果的可靠性。

（3）721 分光光度计的校正方法

波长读数校正的方法很多，例如，可用波长精度很高的干涉滤光片，或者已知吸收峰（λ最大）波长的有色物质的溶液等做标准来校正。前一种方法需要特殊的设备，其精确度较高；后一种方法简易可行，其精确度较差，但对 721 分光光度计来说，这种方法已能够满足要求。

配制一种已知 λ 最大的物质的适当浓度的溶液，用待校正的仪器在该物质的 λ 最大 ±20 nm 范围内，通过不同的波长测定其 a 值。可从小于该有色溶液的 λ 最大约 20 nm 处开始，每隔 2 nm 测定一次，至波长大于该溶液 $\lambda_{最大}$ 约 20 nm 为止。例如，用高锰酸钾溶液来校正，其 $\lambda_{最大}$ 为 525 nm，故在 505 ～ 545 nm 范围内，每隔 2 nm 测定一次吸光度。将测定结果作吸收曲线，所得曲线有一吸收峰（若所得曲线未呈现吸收峰，则表示此仪器波长读数偏差大于 20 nm，应扩大测定的波长范围），设此吸收峰的波长为 $\lambda'_{最大}$，将它与已知的 $\lambda_{最大}$ 比较，其差即为波长校正值，以 $\lambda_{校}$ 表示：

$$\lambda_{校}=\lambda_{最大}-\lambda'_{最大}$$

若波长校正值 $\lambda_{校}$ 很大，则需要重新调整励光灯泡，或检修单色器的光学系统。若波长校正值小于 10 nm，则可在使用该仪器时，用校正值来校正波长。当 $\lambda_{校}$ 为正值时，表示该仪器的波长读数较真实的波长偏高。因此在使用该仪器时，

若测定某一溶液时所需选定的波长为 $\lambda_{测}$，那么应调至的波长读数（$\lambda_{读}$）则为

$$\lambda_{读}=\lambda_{测}-\lambda_{校}$$

例如，用高锰酸钾溶液校正仪器，测得其吸收峰 $\lambda'_{最大}$ 为 530 nm，则

$$\lambda_{校}=\lambda_{最大}-\lambda'_{最大}=525\,nm-530\,nm=-5\,nm$$

用该仪器测定邻菲罗啉铁时，应选用的波长为 510 nm，其波长读数标尺应旋至 $\lambda_{读}$：

$$\lambda_{读}=\lambda_{测}-\lambda_{校}=510\,nm-（-5\,nm）=515\,nm$$

即波长读数应调至 515 nm，而此时真实的波长为 510 nm，即邻菲罗啉铁的 $\lambda_{最大}$。

第三节　常用的实验方法——重量分析法

重量分析法是分析化学重要的经典分析方法。沉淀重量分析法是利用沉淀反应，使待测物质转变成一定的称量形式后测定物质含量的方法。

沉淀类型主要分成两类，一类是晶形沉淀，另一类是无定形沉淀。晶形沉淀（如 $BaSO_4$）使用的重量分析法，一般过程如下。

一、试样溶解

试样溶解方法主要分为两种，一种是用水、酸溶解，另一种是高温熔融法。

二、沉淀

晶形沉淀的沉淀条件：稀、热、慢、搅、陈"五字原则"，即
① 沉淀的溶液要适当稀；
② 沉淀时应将溶液加热；
③ 沉淀速度要慢，操作时应注意边沉淀边搅拌，为此，沉淀时，左手拿滴管逐滴加入沉淀剂，右手持玻璃棒不断搅拌；
④ 待沉淀完全后要放置陈化。

三、陈化

沉淀完全后，盖上表面皿，放置过夜或在水浴上保温 1 h 左右。陈化的目的是使小晶体长成大晶体，使不完整的晶体转变成完整的晶体。

四、过滤和洗涤

重量分析法使用的定量滤纸，称为无灰滤纸，每张滤纸的灰分质量约为 0.08 mg，可以忽略。过滤 $BaSO_4$ 用的滤纸，可用慢速或中速滤纸。

过滤用的玻璃漏斗锥体角度应为 $60°$，颈的直径不能太大，一般应为 $3\sim5$ mm，颈长为 $15\sim20$ cm，颈口处磨成 $45°$，如图 1-22 所示。漏斗的大小应与滤纸的大小相适应。折叠后滤纸的上缘应低于漏斗上沿 $0.5\sim1$ cm，不能超出漏斗边缘。

滤纸一般按四折法折叠，折叠时，应先将手洗净、揩干，以免弄脏滤纸。滤纸的折叠方法是先将滤纸整齐地对折，然后再对折，这时不要把两角对齐，如图 1-23 左图所示，将其打开后成为顶角稍大于 $60°$ 的圆锥体，如图 1-23 右图所示。

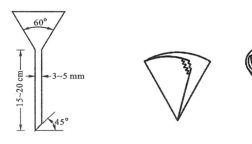

图 1-22　漏斗规格　　　　图 1-23　滤纸的折叠方法

为保证滤纸和漏斗密合，第二次对折时不要折实，先把圆锥体打开，放入洁净而干燥的漏斗中，如果上边边缘不十分密合，可以稍稍改变滤纸折叠的角度，直到与漏斗密合为止。用手轻按滤纸，将第二次的折边折实，所得圆锥体的半边为三层，另半边为一层。然后取出滤纸，将三层厚的紧贴漏斗的外层撕下一角如图 1-23 左图所示，保存于干燥的表面皿上备用。

将折叠好的滤纸放入漏斗中，且三层的一边应放在漏斗出口短的一边。用食指按紧三层的一边，用洗瓶吹入少量水将滤纸润湿，然后轻轻按滤纸边缘，使滤纸的锥体与漏斗间没有空隙（注意，三层与一层之间应与漏斗密合）。按好后，用洗瓶加水至滤纸边缘，这时漏斗颈内应全部被水充满，当漏斗中的水全部流尽后，颈内水柱仍能保留且无气泡。

若不形成完整的水柱，可以用手堵住漏斗下口，稍掀起滤纸三层的一边，用洗瓶向滤纸与漏斗间的空隙里加水，直到漏斗颈和锥体的大部分被水充满，然后按紧滤纸边缘，松开堵住出口的手指，此时水柱即可形成。

最后再用蒸馏水冲洗一次滤纸，然后将准备好的漏斗放在漏斗架上，下面放一洁净的烧杯盛接滤液，使漏斗出口长的一边紧靠杯壁，漏斗和烧杯上均盖好表面皿备用。

过滤一般分三个阶段进行。第一阶段采用倾泻法，尽可能地过滤清液，如图 1-24 所示；第二阶段是洗涤沉淀并将沉淀转移到漏斗上；第三阶段是清洗烧杯和洗涤漏斗中的沉淀。

采用倾泻法是为了避免沉淀堵塞滤纸上的空隙，影响过滤速度。待烧杯中的沉淀下降以后，将清液倾入漏斗中。溶液沿着玻璃棒流入漏斗中，而玻璃棒的下端对着滤纸三层的一边，并尽可能接近滤纸，但不能接触滤纸。倾入的溶液一般不要超过滤纸的三分之二，或距离滤纸上边缘至少 5 mm，以免少量沉淀因毛细管的作用越过滤纸上缘，造成溶液损失，且不便洗涤。

暂停倾泻溶液时，烧杯应沿玻璃棒使其嘴向上提起，致使烧杯向上，以免使烧杯嘴上的液滴流失。

过滤过程中，带有沉淀和溶液的烧杯放置方法，如图 1-25 所示，即在烧杯下放一块木头，使烧杯倾斜，使沉淀和清液分开，便于转移清液。同时玻璃棒不要靠在烧杯嘴上，避免烧杯嘴上的沉淀沾在玻璃棒上部而损失。如果倾泻法不能一次将清液倾注完，应待烧杯中的沉淀下沉后再次倾注。

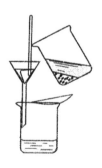

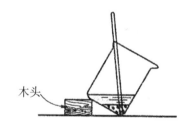

图 1-24　倾泻法过滤　　　图 1-25　过滤时带沉淀和溶液的烧杯放置方法

使用倾泻法将清液完全转移后，应对沉淀进行初步洗涤。洗涤时，每次量取约 10 mL 洗涤液用洗瓶吹洗烧杯内壁，使附着的沉淀集中在杯底部，每次的洗涤液同样用倾泻法过滤。如此洗涤杯内沉淀 3～4 次。然后再加少量洗涤液于烧杯中，搅动沉淀使之混匀，立即将沉淀和洗涤液一起通过玻璃棒转移至漏斗中。再加入少量洗涤液于烧杯中，搅拌混匀后再转移至漏斗中。如此重复几次，使大部分沉淀转移至漏斗中。按图 1-26（a）所示的吹洗方法将沉淀吹洗至漏斗中，即用左手把烧杯拿在漏斗上方，烧杯嘴向着漏斗，拇指在烧杯嘴下方，同时，用右手把玻璃棒从烧杯中取出横在烧杯口上，使玻璃棒伸出烧杯嘴约 2～3 cm。然后用左手食指按住玻璃棒的较高处，倾斜烧杯使玻璃棒下端指向滤纸三层一边，用右手以洗瓶吹洗整个烧杯内壁，使洗涤液和沉淀沿玻璃棒流入漏斗中。如果仍有少量沉淀牢牢地粘附在烧杯壁上，可将烧杯放在桌上，用沉淀帚［如图 1-26（b）所示，它是一头带橡皮的玻璃棒］在烧杯内壁自上而下、自左至右擦拭，使沉淀集中在底部。再按图 1-26（a）操作将沉淀吹洗入漏斗中。对于牢固地粘在杯壁上的沉淀，也可用前面折叠滤纸时撕下的滤纸角擦拭玻璃棒和烧杯内壁，将此滤纸角放在漏斗的沉淀上。

经吹洗、擦拭后的烧杯内壁，应在明亮处仔细检查是否吹洗、擦拭干净，包括玻璃棒、表面皿、沉淀帚和烧杯内壁都要认真检查。

过滤开始后，应随时检查滤液是否透明，如果不透明，说明滤液有穿滤。这时必须换另一洁净烧杯盛接滤液，在原漏斗上将穿滤的滤液进行第二次过滤。如果发现滤纸穿孔，则应更换滤纸重新过滤。而第一次用过的滤纸应保留。

沉淀全部转移到滤纸上后，应对它进行洗涤，其目的在于将沉淀表面所吸附的杂质和残留的母液除去。沉淀洗涤方法如图 1-27 所示，即洗瓶的水流从滤纸的多重边缘开始，螺旋形地往下移动，最后到多重边缘部分停止，被称为"从缝到缝"，这样，可使沉淀洗得干净且可将沉淀集中到滤纸的底部。为了提高洗涤效率，应掌握洗涤方法的要领。洗涤沉淀时要少量多次，即每次螺旋形地往下洗涤时，所用洗涤剂的量要少，便于尽快沥干，沥干后，再进行洗涤。如此反复多次，直至沉淀洗净为止，这通常被称为"少量多次"原则。

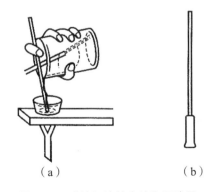

（a）　　　　　　（b）

图 1-26　吹洗沉淀的方法和沉淀帚

图 1-27　沉淀洗涤方法

五、烘干

滤纸和沉淀的烘干通常在煤气灯上或电炉上进行，其操作步骤是用扁头玻璃棒将滤纸边挑起，向中间折叠，将沉淀盖住，如图 1-28 所示。再用玻璃棒轻轻转动滤纸包，以便擦净漏斗内壁可能沾有的沉淀。然后，将滤纸包转移至已恒重的坩埚中，将它倾斜放置，使多层滤纸部分朝上，以便烘烤。坩埚的外壁和盖先用蓝黑墨水或 $K_4[Fe(CN)_6]$ 溶液进行编号。烘干时，盖上坩埚盖，但不要盖严，如图 1-29（a）。

图 1-28　沉淀的包裹

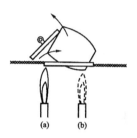

（a）烘干火焰　（b）炭化、灰化火焰

图 1-29　沉淀和滤纸在坩埚中烘干、炭化和灰化的火焰位置

六、炭化

炭化是将烘干后的滤纸烤成炭黑状。

七、灰化

灰化是使呈炭黑状的滤纸灼烧成灰。炭化和灰化的灼烧方法，如图 1-29（b）所示。烘干、炭化、灰化，应由小火到强火，一步一步完成，不要使火焰加得太大。炭化时如遇滤纸着火，可立即用坩埚盖盖住，使坩埚内的火焰熄灭（切不可用嘴吹灭）。着火时，不能置之不理，让其燃烧完，这样易使沉淀随大气流飞散损失。待火熄灭后，将坩埚盖移至原来位置，继续加热至全部炭化直至灰化。

八、灼烧至恒重

沉淀和滤纸灰化后，将坩埚移入高温炉中（根据沉淀性质调节适当温度），盖上坩埚盖，但留有空隙。与灼烧空坩埚时相同温度和相同操作下灼烧 40～45 min，取出，冷却至室温，称重。然后进行第二次、第三次灼烧，直至坩埚和沉淀恒重为止。一般第二次以后灼烧 20 min 即可。所谓恒重，是指相邻两次灼烧后的称量差值不大于 0.4 mg。

从高温炉中取出坩埚时，将坩埚移至炉口，至红热稍退后，再将坩埚从炉中取出放在洁净瓷板上，在夹取坩埚时，坩埚钳应预热。待坩埚冷却至红热退去后，再将坩埚转移至干燥器中。放入干燥器后，盖好盖子，随后须启动干燥器干燥 1～2 次。

在干燥器内冷却时，原则是冷却至室温，一般需 30 min 左右。但要注意，每次灼烧、称重和放置的时间都要保持一致。

使用干燥器时，首先将干燥器擦干净，烘干多孔瓷板后，将干燥剂通过一纸筒装入干燥器的底部，如图 1-30 所示。应避免干燥剂沾污其内壁的上部，然后盖上瓷板。

图 1-30　干燥剂的倾装

干燥剂一般用变色硅胶，此外还可用无水氯化钙等。由于各种干燥剂吸收水分的能力都是有一定限度的，因此干燥器中的空气并不是绝对干燥的，而只是湿度相对降低而已。灼烧和干燥后的坩埚和沉淀，如果在干燥器中放置过久，可能会吸收少量水分而使其质量增加，这点须加注意。

干燥器盛装干燥剂后，应在干燥器的磨口上涂上一层薄而均匀的凡士林。然后盖上干燥器盖。

开启干燥器时，左手按住干燥器的下部，右手按住干燥器盖上的圆顶，向左前方推开干燥器盖，如图 1-31 所示。干燥器盖取下后应拿在右手中，用左手放入（或取出）坩埚（或称量瓶），及时盖上干燥器盖。干燥器盖取下后，也可放在桌上安全的地方（注意要磨口向上，圆顶朝下）。加干燥器盖时，也应当拿住盖上圆顶，推动盖好。

当坩埚等放入干燥器时，一般应放在瓷板圆孔内。若坩埚等热的容器放入干燥器后，应连续推开干燥器 1 ~ 2 次。

搬动或挪动干燥器时，应该用两手的拇指同时按住干燥器盖，防止其滑落打破，如图 1-32 所示。

图 1-31　开启干燥器的操作

图 1-32　搬动干燥器的操作

关于空坩埚的恒重方法和灼烧温度，均与灼烧沉淀时相同。坩埚与沉淀的恒重质量与空坩埚的恒重质量之差，即 $BaSO_4$ 的质量。现在，生产单位常用一次灼烧法，即先称恒重后带沉淀的坩埚的质量（称为总质量），然后，用毛笔刷去 $BaSO_4$ 沉淀，再称出空坩埚的质量，用差减法即可求出沉淀的质量。

九、结果计算

根据重量分析法中换算因子的含义，钡含量的计算公式为

$$w_{Ba} = \frac{m_{BaSO_4} \times \dfrac{M_{Ba}}{M_{BaSO_4}}}{m_s}$$

w_{Ba} 可用百分数或小数表示。

非晶形沉淀使用的重量分析的分析过程与晶形沉淀重量分析法有区别，应查阅有关分析方法进行。

用有机试剂沉淀的重量分析法（如镍的丁二酮肟沉淀法）的一般过程如下：

试样溶解 ⟶ 沉淀 ⟶ 陈化 ⟶ 过滤和洗涤 ⟶ 烘干至恒重 ⟶ 结果计算

此过程与晶形沉淀使用的重量分析法过程大致相同，一般不采用灼烧的方法，因为灼烧会使换算因子增大，这是不利于测定的，其中沉淀过滤是用微孔玻璃坩埚或微孔玻璃漏斗进行的。微孔玻璃漏斗和微孔玻璃坩埚如图 1-33 和

图 1-34 所示。此种过滤器皿的滤板是用玻璃粉末在高温下熔结而成的。按照微孔的孔径，由大到小分为 6 级，G1 ～ G6（或称 1 号～ 6 号）。G1 的孔径最大（80 ～ 120 μm），G6 孔径最小（2 μm 以下）。在定量分析中，一般用 G3 ～ G5 规格的滤器（相当于慢速滤纸）过滤细晶形沉淀。使用此类滤器时，需用减压抽气法过滤，如图 1-35 所示。凡是烘干后即可称重或热稳定性差的沉淀（如 AgCl），均需采用微孔玻璃漏斗或微孔玻璃坩埚过滤。

 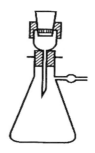

图 1-33　微孔玻璃漏斗　　　图 1-34　微孔玻璃坩埚　　　图 1-35　抽滤装置

　　不能用微孔玻璃漏斗或微孔玻璃坩埚过滤强碱性溶液，因为它会损坏微孔玻璃漏斗或微孔玻璃坩埚的微孔。关于有机试剂沉淀重量分析法的其余过程可按实验操作进行。

　　重量分析法的优点是干扰少、准确度高，至今仍在广泛的应用。其缺点是操作烦琐、费时。也可以微波炉代替马福炉用微波技术重量分析法。例如，以 $BaSO_4$ 沉淀重量法测定 Ba^{2+} 时，用微孔玻璃坩埚过滤 $BaSO_4$ 沉淀并用微波炉干燥。但此法对沉淀条件和洗涤操作的要求更加严格，沉淀中不得有 H_2SO_4 等高沸点杂质，否则这些杂质在干燥过程中不易分解或挥发，而灼烧干燥时可以除去 H_2SO_4 等杂质。

第二章　环境化学实验部分

实验一　环境化学准备实验

环境化学实验是环境科学和工程及其相关专业的学生在理论学习中获取信息、培养创造性思维和能力的主要渠道之一。实验的目的不仅是验证规律、培养学生的动手能力和实验技能，还要使学生通过实验在科学的理论学习和研究方法上获取感性体会。

环境化学是一门综合性非常强的学科，它所涉及的理论知识和实验技巧的范围都非常广泛。不同的环境化学实验方法、试剂、器材各不相同，在实验前要根据不同的内容和要求，做好充分的准备，这是关系到实验效果的基本条件。

一、实验目的

①熟悉、清点、整理实验常用仪器。
②掌握玻璃仪器的洗涤方法。
③了解实验基本要求及实验室基本常识。
④熟悉实验室的设施（水、电闸和通风设施），注重实验室安全、急救措施及方法。

二、实验仪器的检查和清点

填写仪器清单，按清单核查仪器，不足的仪器应注明，多出来的仪器应上交，并经指导老师逐个核对，及时做好补充、调剂。

对于实验用仪器，事先需根据操作规程进行检查（如滴定管检漏），有故障的仪器及时维修、调换，以保证后续实验能顺利进行。

三、实验仪器的洗涤

化学实验中使用的器皿应洗净，以内壁被水均匀润湿而无条纹、不挂水珠为标准。

（一）用去污粉、洗涤剂洗

实验室中常用的烧杯、锥形瓶、量筒等一般的玻璃仪器，可用毛刷蘸去污粉或合成洗涤剂刷洗。

去污粉是由碳酸钠、白土、细沙等混合而成的。将要刷洗的玻璃仪器先用少量水润湿，撒入少量去污粉，然后用毛刷擦洗。利用碳酸钠的碱性去除油污，细沙的摩擦作用和白土的吸附作用增强了对玻璃仪器的清洗效果。玻璃仪器经擦洗后，用自来水冲掉去污粉颗粒，然后用蒸馏水润洗 3 次，洗掉自来水中带来的钙、镁、铁、氯等离子。

洗干净的仪器倒置时，仪器中存留的水可以完全流尽而不留水珠和油花。出现水珠或油花的仪器应当重新洗涤。洗净的仪器不能用纸或抹布擦干，以免将脏物或纤维留在器壁上面沾污了仪器。仪器倒置时应放在干净的仪器架上（不能倒置于实验台上）。锥形瓶、容量瓶等仪器可倒挂在漏斗板或铁架台上。小口的试管等可倒插在干净的支架上。

（二）用铬酸洗液洗

滴定管、移液管、容量瓶等具有精确刻度的仪器，常用铬酸洗液浸泡 15 min，再用自来水冲净残留在仪器上的洗液，然后用蒸馏水润洗 2～3 次。

铬酸洗液的配制：在台秤上称取 10 g 工业纯 $K_2Cr_2O_7$（或 $Na_2Cr_2O_7$）置于 500 mL 烧杯中，先用少许水溶解，在不断搅动下，慢慢注入 200 mL 浓硫酸（工业纯），待 $K_2Cr_2O_7$ 全部溶解并冷却后，将其保存于带磨口的试剂瓶中。所配的铬酸洗液为暗红色液体。因浓硫酸易吸水，用后应将磨口玻璃塞塞好。

使用洗液时应按以下顺序操作。

①用洗液洗涤前，凡能用毛刷洗刷的仪器必须先用自来水和毛刷洗刷，倾尽水，以免洗液被稀释后降低洗涤效果。

②洗液用过后倒回原磨口瓶中，以备下次再用。当洗液变为绿色而失效时，可倒入废液桶中，不能倒入下水道，以免腐蚀金属管道。

③用洗液洗涤过的仪器，应先用自来水冲净，再用蒸馏水润洗 2～3 次。

④洗液为强氧化剂，腐蚀性强，使用时特别注意不要溅在皮肤和衣服上。

洗液不是万能的，以为任何污垢都能用它洗去的想法是不对的。如被 MnO_2 沾污的仪器，用洗液是无效的，此时可用草酸、盐酸或酸性 Na_2SO_3 等还原剂洗去污垢。

（三）用其他溶剂洗

光度法中所用的比色皿是用光学玻璃制成的，不能用毛刷刷洗。通常视沾污的情况，选用铬酸洗液、HCl-乙醇或合成洗涤剂等浸泡后，用自来水冲洗干净，再用蒸馏水润洗 2～3 次。

（1）NaOH-KMnO$_4$ 水溶液

称取 10 g KMnO$_4$ 放入 250 mL 烧杯中，加入少量水使之溶解，再慢慢加入 100 mL 10% NaOH 溶液，混匀即可使用。该混合液适用于洗涤油污及有机物。洗后在仪器中留下的 $MnO_2 \cdot nH_2O$ 沉淀物可用 HCl-NaNO$_2$ 混合液、酸性 Na_2SO_3 或热草酸溶液等洗去。

（2）KOH-乙醇溶液

适合于洗涤被油污或某些有机物沾污的仪器。

（3）HNO$_3$-乙醇溶液

适合于洗涤被油污或有机物沾污的酸式滴定管。使用时先在滴定管中加入 3 mL 乙醇，沿壁加入 4 mL 浓 HNO$_3$，盖住滴定管管口，利用反应所产生的氧化氮洗涤滴定管。

四、实验记录

实验记录是观察和测量结果信息的储存，是实验条件、环境、气候、实验设备等信息的储存，是进行科学研究、撰写实验报告的依据。记录时必须遵守下列原则。

（一）记录的原始性原则

实验的内容一旦如实记入记录本之后，不允许再改动。重复实验而获得的新数据应重新记录，不能修改上次实验的结果。

（二）记录的及时性原则

实验过程中，现象一旦发生，数据一旦测出，就应立即进行记录，不可等几天之后凭回忆记录，以免发生错记。

（三）记录的完整性原则

记录的时候，要求把实验的条件（包括温度、湿度、日照、风速、风向、大气压等）、实验的过程（包括实验日期、操作顺序、所用仪器设备的型号、厂家、精密度等）、观察到的现象（包括颜色、大小、快慢等）、测量到的数据等完整地记录下来。有时候还要把各种可能的干扰、相互因素的影响等记录下来。

切忌只注意记录测量的数据，忽略记录现象、实验条件和过程等内容，以致到最后进行实验分析时发生困难。

（四）记录的系统性原则

这是从时间的角度对实验记录的要求。操作时间较长的实验，要坚持连续观察和连续记录。有些问题，仅从一两次实验记录可能看不出其结论，经过长时间的连续观察和记录则可以获得新的结论。

（五）记录的客观性原则

实验中观察和测量的结果是什么就记录什么，不进行任何评论和解释。评论和解释是实验报告的任务。

五、实验报告的撰写

一般情况下实验报告是根据实验步骤和顺序从以下七方面展开来写的。

①实验目的。本次实验所要达到的目标或目的是什么。

②实验日期和实验者。在实验名称下面注明实验时间和实验者名字。这是很重要的实验资料，便于将来查找时进行核对。

③实验仪器和试剂。写出主要的实验仪器和药品，应分类罗列，不能遗漏。此项书写可以促使学生去思考实验仪器的用法和用途、药品的作用及其所能发生的具体的化学反应，从而有助于学生理解实验的原理和特点。需要注意的是实验报告中应该有为完成实验所用试剂的浓度和实验仪器的规格。

④实验步骤。根据具体的实验目的和原理来设计实验，写出主要的操作步骤，这是报告中比较重要的部分，可以使学生了解实验的全过程，明确每一步骤的目的，理解实验的设计原理，掌握实验的核心部分，养成科学的思维方法。在此项中还应写出实验的注意事项，以保证实验的顺利进行。

⑤实验记录。正确如实地记录实验现象和数据，为表述准确应使用专业术

语，尽量避免口语的出现。这是报告的主体部分，在记录中，应要求学生即使得到的结果不理想，也不能修改，可以通过分析和讨论找出原因和解决的办法，养成实事求是和严谨的科学态度。

⑥实验结论和解释。对于所进行的操作和得到的相关现象运用已知的化学知识去分析和解释并得出结论，这是实验联系理论的关键所在，有助于学生将感性认识上升到理性认识，进一步理解和掌握已知的理论知识。

⑦评价和讨论。以上各项是学生接收、认识和理解知识的过程，而评价和讨论则是学生回顾、反思、总结和拓展知识的过程，是实验的升华，应给予足够的重视。在此项目中，学生可以在老师的引导下自由发挥，比如，对"你认为本实验的关键是什么？""你认为本实验还有哪些方面需要改进？""实验失败的原因是什么？"等进行思考。这既能反映学生掌握知识的情况，又能培养学生分析和解决问题的能力，更重要的是可以培养学生敢于思考，敢于创新的勇气和能力。此项内容的书写应是实验报告的重点和难点。

六、实验注意事项

实验注意事项有以下几方面。

①实验前应预习实验指导，明确实验的目的、方法和步骤，并根据实验要求或在老师指导下，做好实验前的各项准备工作。

②对实验应用的重要仪器，如分光光度计、鼓风干燥箱、恒温振荡仪、分析天平、pH 计等，事先应了解其使用方法，并按照操作规程使用，发生故障应立即关闭电源，并告知指导老师，以妥善处理。

③在实验时要严肃认真，不在实验室内嬉闹。

④在实验中一定要注意安全并采取必要的防护措施，严防易燃物着火、使用电器触电以及被强酸、强碱灼伤等。

⑤实验按分组同时进行时，各组所应用的器材、试剂应分别放置和使用，以防乱抄乱用，影响实验秩序和进程。

⑥在实验过程中，要按照实验指导的要求或在老师指导下认真操作，仔细观察，详细记录实验过程中所出现的现象和结果。实验结束，应将观察的结果进行分析、讨论并写出实验报告。实验报告的内容主要包括实验题目、实验目的、实验方法、实验结果、讨论以及结论。

⑦实验结束后应整理仪器、用具并将实验室清理干净，把仪器和用具放归原处。若有损坏应主动登记。

实验二　工业废水进入水体中重金属的污染评价

由于重金属在工业生产过程中应用广泛，因此，大量的重金属随着工业废水的排放而进入天然水体，从而导致水体的重金属污染。由于重金属在进入水体后不会自动消失，而且特别容易在生物体内积累，因此重金属对生态环境和人体健康的危害是非常严重的。虽然重金属在进入环境后会以各种形态存在，而且不同形态的重金属其生物毒性也是不一样的，但测定水体中金属总量对于我们了解水体的重金属污染状况，制定相应的污染控制对策也是很有帮助的。

一、实验目的

了解水中重金属的测定方法，掌握原子吸收分光光度分析技术。

二、实验原理

原子吸收光度法是根据某元素的基态原子对该元素的特征谱线产生选择性吸收来进行测定的分析方法，原子吸收光度法具有较高的灵敏度。

三、仪器和试剂

（一）仪器

原子吸收光谱仪。

（二）试剂

①甲基异丁酮（MIBK），分析纯。

② 2% APDC 水溶液。称取 1.0 g 吡咯烷二硫代氨基甲酸铵溶于去离子水中，用中速定量滤纸滤去不溶物，用去离子水将其稀释到 50 mL。临用前配制。

四、实验步骤

（一）标准系列溶液的配制

将标准曲线浓度控制在 0 ～ 0.5 mg/L 范围内。

（二）样品的采集

用聚乙烯塑料瓶采样。使用前用 2% 的硝酸水溶液浸泡 24 h，然后用去离子水冲洗干净。采样时，用水样洗涤容器 2 ～ 3 次。水样采集后，立即向 1 L 水样中加入 2.0 mL 浓硝酸加以酸化，体系 pH 值约为 1.5。

（三）样品的预处理

取 2 份 100 mL 水样，各加入 5 mL 浓硝酸，在电热板上加热消解到 10 mL 左右。稍冷却，再加入 5 mL 浓硝酸和 2 mL 高氯酸，继续加热消解，蒸至近干。冷却后用 0.2% 硝酸溶解残渣，溶解时稍加热。冷却后，用快速定量滤纸过滤。用 0.2% 硝酸洗滤纸数次。用 0.2% 硝酸将滤液稀释到一定体积，供测定用。同时平行处理两个空白样品。

（四）标准系列和样品的富集

取 5 种浓度的标准系列溶液各 100 mL，以及预处理过的空白样品 2 份，每份各 100 mL。分别置于 9 个 250 mL 分液漏斗中，用 1∶1 或 1∶10 的氨水和 1∶1 或 1∶10 的盐酸溶液调 pH 值为 3.0（用 pH 计或变色范围为 0.5 ～ 5.0 的 pH 试纸指示）。加入 2.0 mL 2% 的 APDC 溶液，摇匀，静置 1 min。加入 10 mL MIBK 萃取 1 min，静置分层，弃去水相。用滤纸吸干分液漏斗颈内的残留液。将有机相置于 10 mL 具塞试管中，加塞，供测定用。

如果试样中含有铁等能和 APDC 反应的组分，萃取时，MIBK 相呈糊状甚至出现沉淀。此时，需要再用 10 mL MIBK 重复萃取一次，合并有机相，进行测量。标准系列要重复相同的操作。

（五）试样的测定和标准曲线的绘制

按照原子吸收分光光度计工作站使用说明书进行测定。

五、数据处理

根据样品的吸光度值确定样品中重金属的含量。

六、思考题

①在进行原子吸收测定时常见的干扰因素有哪些？怎样消除？
②根据国家有关环境标准对所测水样的重金属污染状况进行评价。

实验三　水体自净程度的指标

各种形态的氮相互转化和氮循环的平衡变化是环境化学和生态系统研究的重要内容之一。水体中氮产物的主要来源是生活污水和某些工业废水及农业面源。当水体受到含氮有机物污染时，由于水中微生物和氧的作用，其中的含氮化合物可以逐步分解氧化为无机的氨（NH_3）或铵（NH_4^+）、亚硝酸盐（NO_2^-）、硝酸盐（NO_3^-）等简单的无机氮化物。氨和铵中的氮称为氨氮，亚硝酸盐中的氮称为亚硝酸盐氮，硝酸盐中的氮称为硝酸盐氮。通常把氨氮、亚硝酸盐氮和硝酸盐氮称为三氮。这几种形态氮的含量都可以作为水质指标，分别代表有机氮转化为无机氮的各个不同阶段。在有氧条件下，氮产物的生物氧化分解一般按氨或铵、亚硝酸盐、硝酸盐的顺序进行，硝酸盐是氧化分解的最终产物。随着含氮化合物的逐步氧化分解，水体中的细菌和其他有机污染物也逐步分解破坏，从而达到水体的净化作用。

有机氮、氨氮、亚硝酸盐氮和硝酸盐氮的相对含量，在一定程度上可以反映含氮有机物污染的时间长短，对了解水体污染历史以及分解趋势和水体自净状况等有很高的参考价值。目前应用较广的测定三氮的方法是比色法，其中最常用的是：纳氏试剂比色法测定氨氮，盐酸萘乙二胺比色法测定亚硝酸盐氮，二磺酸酚比色法测定硝酸盐氮。

一、实验目的

①掌握测定三氮的基本原理和方法。

②了解测定三氮对环境化学研究的作用和意义。

二、实验仪器

①玻璃蒸馏装置。

② pH 计。

③恒温水浴。

④分光光度计。

⑤电炉：220 V/1 kW。

⑥比色管：50 mL。

⑦陶瓷蒸发皿：100 mL 或 200 mL。

⑧移液管：1 mL、2 mL、5 mL。

⑨容量瓶：250 mL。

三、实验步骤

（一）氨氮的测定——纳氏试剂比色法

1. 原理

氨与纳氏试剂反应可生成黄色的络合物，其色度与氨的含量成正比，可在 425 nm 波长下进行比色测定，检出限为 0.02 μg/mL。如果水样污染严重，需在 pH 值为 7.4 的磷酸盐缓冲溶液中预蒸馏分离。

2. 试剂

（1）不含氨的蒸馏水

水样稀释及试剂配制均用无氨蒸馏水，其配制方法包括蒸馏法（每升蒸馏水中加入 0.1 mL 浓硫酸，进行重蒸馏，流出物接收于玻璃容器中）和离子交换法（蒸馏水通过强酸型阳离子交换树脂来制备较大量的无氨水）。

（2）磷酸盐缓冲溶液（pH 值为 7.4）

称取 14.3 g 磷酸二氢钾和 68.8 g 磷酸氢二钾，溶于水中并稀释至 1 L。配制后用 pH 计测定其 pH 值，并用磷酸二氢钾或磷酸氢二钾调至 pH 值为 7.4。

（3）吸收液

2% 硼酸或 0.01 mol/L 硫酸。配制 2% 硼酸溶液：将 20 g 硼酸溶解于水中，稀释至 1 L。配制 0.01 mol/L 硫酸：量取 20 mL 0.5 mol/L 的硫酸，用水稀释至 1 L。

（4）纳氏试剂

称取 5 g 碘化钾，溶于 5 mL 水中，分别加入少量氯化汞（$HgCl_2$）溶液（将 2.5 g $HgCl_2$ 溶于 40 mL 水中，必要时可微热溶解），不断搅拌至微有朱红色沉淀为止。冷却后加入氢氧化钾溶液（15 g 氢氧化钾溶于 30 mL 水中），充分冷却，加水稀释至 100 mL。静置一天，取上层清液储于塑料瓶中，盖紧瓶盖，可保存数月。

（5）酒石酸钾钠溶液

称取 50 g 酒石酸钾钠（$KNaC_4H_4O_6 \cdot 4H_2O$）溶于水中，加热煮沸以去除氨，冷却后稀释至 100 mL。

（6）氨标准溶液

称取 3.819 g 无水氯化铵（NH_4Cl）（预先在 100 ℃干燥至恒重），溶于水中，转入 1 000 mL 容量瓶中，稀释至刻度，即配得 1.00 mg/mL 的标准溶液。取此溶液 10.00 mL 稀释至 1 000 mL，即为 10 μg/mL 的标准溶液。

3. 步骤

较清洁水样可直接测定，如果水样受污染一般按下列步骤进行。

（1）水样蒸馏

为保证蒸馏装置不含氨，须先在蒸馏瓶中加入 200 mL 无氨水，加入 10 mL 磷酸盐缓冲溶液、几粒玻璃珠，加热蒸馏至流出液中不含氨为止（用纳氏试剂检验），冷却。然后将蒸馏瓶中的蒸馏液倾出（但留下玻璃珠），量取水样 200 mL，放入蒸馏瓶中（如果预先试验水样含氨量较大，则取适量的水样，用无氨水稀释至 200 mL，然后加入 10 mL 磷酸盐缓冲液）。另准备一只 250 mL 的容量瓶，移入 50 mL 吸收液（吸收液为 0.01 mol/L 的硫酸或 2% 硼酸溶液），然后将导管末端浸入吸收液中，加热蒸馏，蒸馏速度为每分钟 6 ～ 8 mL，至少收集 150 mL 馏出液，蒸馏至最后 1 ～ 2 min 时，把容量瓶放低，使吸收液的液面脱离冷凝管出口，再蒸馏几分钟以洗净冷凝管和导管，用无氨水稀释至 250 mL，混匀，以备比色测定。

（2）测定

如果为较清洁的水样，直接取 50 mL 澄清水样置于 50 mL 比色管中。一般水样则取用上述方法蒸馏出的水样 50 mL，置于 50 mL 比色管中。若氨氮含量太高，可酌情取适量水样用无氨水稀释至 50 mL。

另取 8 支 50 mL 比色管，分别加入铵标准溶液（含氨氮 10 μg/mL）0.00 mL、0.50 mL、1.00 mL、2.00 mL、3.00 mL、5.00 mL、7.00 mL、10.00 mL，加无氨水稀释至刻度。

在上述各比色管中分别加入 1.0 mL 酒石酸钾钠，摇匀，再加 1.5 mL 纳氏试剂，摇匀放置 10 min，用 1 cm 比色管在波长 425 nm 处，以试剂空白为参比测定吸光度，绘制标准曲线，并从标准曲线上查得水样中氨氮的含量。

（二）亚硝酸盐氮的测定——盐酸萘乙二胺比色法

1. 原理

在 pH 值为 2.0 ～ 2.5 时，水中亚硝酸盐与对氨基苯磺酸生成重氮盐，再与盐酸萘乙二胺偶联生成红色染料，红色染料的最大吸收波长为543 nm，其色度深浅与亚硝酸盐含量成正比，可用比色法测定，检出限为 0.005 μg/mL，测定上限为 0.1 μg/mL。

2. 试剂

（1）不含亚硝酸盐的蒸馏水

在蒸馏水中加入少量高锰酸钾晶体，使其呈红色，再加入氢氧化钡（或氢氧化钙），使其呈碱性，重蒸馏。弃去 50 mL 初馏液，收集中间 70% 的无锰部分。也可在每升蒸馏水中加入 1 mL 浓硫酸和 0.2 mL 硫酸锰溶液（每 100 mL 蒸馏水中含有 36.4 g $MnSO_4 \cdot H_2O$），以及 1～3 mL 以 0.04% 高锰酸钾溶液使其呈红色，然后重蒸馏。

（2）亚硝酸盐标准储备液

称取 1.232 g 亚硝酸钠溶于水中，加入 1 mL 氯仿，稀释至 1 000 mL。此溶液每毫升含亚硝酸盐约为 0.25 mg。由于亚硝酸盐氮在湿空气中易被氧化，所以其储备液需标定。

标定方法：吸取 50.00 mL 0.050 mol/L 高锰酸钾溶液，加 5 mL 浓硫酸及 50.00 mL 亚硝酸钠储备液于 300 mL 具塞锥形瓶中（加亚硝酸钠储备液时需将吸管插入高锰酸钾溶液液面以下）混合均匀，置于水浴中加热至 70～80 ℃，按每次 10.00 mL 的量加入足够的 0.050 mol/L 草酸钠标准溶液，使高锰酸钾溶液褪色并过量，记录草酸钠标准溶液用量（V_2）；再用高锰酸钾溶液滴定过量的草酸钠至溶液呈微红色，记录高锰酸钾溶液用量（V_1）。用 50 mL 不含亚硝酸盐的水代替亚硝酸钠储备液，按上述方法操作，用草酸钠标准溶液标定高锰酸钾溶液的浓度，按下式计算高锰酸钾溶液浓度（mol/L）：

$$c_{1/5\ KMnO_4} = 0.050\ 0 \times V_4/V_3$$

按下式计算亚硝酸盐氮标准储备液的浓度：

$$c_{亚硝酸盐氮} = (V_1 \times c_{1/5\ KMnO_4} - 0.050\ 0 \times V_2) \times 7.00 \times 1\ 000/50.00$$

式中，$c_{1/5\ KMnO4}$ 是经标定的高锰酸钾标准溶液的浓度，单位是 mol/L；V_1 是滴定标准储备液时，加入高锰酸钾标准溶液的总量，单位是 mL；V_2 是滴定亚硝酸盐氮标准储备液时，加入草酸钠标准溶液的总量，单位是 mL；V_3 是滴定水时，加入高锰酸钾标准溶液的总量，单位是 mL；V_4 是滴定水时，加入草酸钠标准溶液的总量，单位是 mL；7.00 是亚硝酸盐氮（1/2 N）的摩尔质量，单位是 g/mol；

50.00 是亚硝酸盐标准储备液取用量，单位是 mL；0.050 0 是草酸钠标准溶液浓度（1/2 $Na_2C_2O_4$，0.050 0 mol/L）。

（3）亚硝酸盐使用液

临用时将标准储备液配制成每毫升含 1.0 μg 的亚硝酸盐氮的标准使用液。

（4）草酸钠标准溶液（1/2 $Na_2C_2O_4$，0.050 0 mol/L）

称取 3.350 g 经 105 ℃ 干燥 2 h 的优级纯无水草酸钠溶于水中，转入 1 000 mL 容量瓶中加水稀释至刻度。

（5）高锰酸钾溶液（1/5 $KMnO_4$，0.050 mol/L）

溶解 1.6 g 高锰酸钾于 1.2 L 水中，煮沸 0.5 h 至 1 h，使体积减小至 1 000 mL 左右，放置过夜，用 G3 号熔结玻璃漏斗过滤后，滤液储于棕色试剂瓶中，用上述草酸钠标准溶液标定其准确浓度。

（6）氢氧化铝悬浮液

溶解 125 g 硫酸铝钾〔$KAl(SO_4)_2 \cdot 12H_2O$〕或硫酸铝铵〔$NH_4Al(SO_4)_2 \cdot 12H_2O$〕于 1 L 水中，加热到 60 ℃，在不断搅拌下慢慢加入 55 mL 浓氨水，放置约 1 h，转入试剂瓶内，用水反复洗涤沉淀，至洗液中不含氨、氯化物、硝酸盐和亚硝酸盐为止。待澄清后，把上层清液全部倾出，只留浓的悬浮物，最后加入 100 mL 水。使用前应振荡均匀。

（7）盐酸萘乙二胺显色剂

50 mL 冰醋酸与 900 mL 水混合，加入 5.0 g 对氨基苯磺酸，加热使其全部溶解，再加入 0.05 g 盐酸萘乙二胺，搅拌溶解后用水稀释至 1 L。溶液无色，储存于棕色瓶中，在冰箱中可稳定保存一个月（当有颜色时应重新配制）。

3. 步骤

①水样如有颜色和悬浮物，可在每 100 mL 水样中加入 2 mL 氢氧化铝悬浮液，搅拌后，静置过滤，弃去 25 mL 初滤液。

②取 50.00 mL 澄清水样于 50 mL 比色管中（如亚硝酸盐氮含量高，可酌情少取水样，用无亚硝酸盐蒸馏水稀释至刻度）。

③取 7 支 50 mL 比色管，分别加入含亚硝酸盐氮 1 μg/mL 的标准溶液 0.00 mL、0.50 mL、1.00 mL、2.00 mL、3.00 mL、4.00 mL、5.00 mL，用水稀释至刻度。

④在上述各比色管中分别加入 2 mL 显色剂，20 min 后在 540 nm 处，用 2 cm 比色皿以试剂空白作参比测定其吸光度，绘制标准曲线。从标准曲线上查得水样中亚硝酸盐氮的含量（μg/mL）。

（三）硝酸盐氮的测定——二磺酸酚比色法

1. 原理

浓硫酸与酚作用生成二磺酸酚，在无水条件下，二磺酸酚与硝酸盐作用生成二磺酸硝基酚，二磺酸硝基酚在碱性溶液中发生分子重排生成黄色化合物，其最大吸收波长在 410 nm 处，利用其色度和硝酸盐含量成正比，可进行比色测定。少量的氯化物即能引起硝酸盐的损失，使测定结果偏低。可在溶液中加入硫酸银，使其形成氯化银沉淀，过滤去除沉淀，以消除氯化物的干扰，（允许氯离子存在的最高浓度为 10 μg/mL，超过此浓度就要进行干扰测定）。亚硝酸盐氮含量超过 0.2 μg/mL 时，将使结果偏高，可用高锰酸钾将亚硝酸盐氧化成硝酸盐，再从测定结果中减去亚硝酸盐的含量。本法的检出限为 0.02 μg/mL 硝酸盐氮，检测上限为 2.0 μg/mL。

2. 试剂

（1）二磺酸酚试剂

称取 15 g 精制苯酚，置于 250 mL 三角烧瓶中，加入 100 mL 浓硫酸，在三角烧瓶上放一个漏斗，置于沸水浴内加热 6 h，试剂应为浅棕色稠液，将其保存于棕色瓶内。

（2）硝酸盐标准储备液

称取 0.721 8 g 分析纯硝酸钾（经 105 ℃烘 4 h），溶于水中，转入 1 000 mL 容量瓶中，用水稀释至刻度。此溶液含硝酸盐氮为 100 μg/mL。如果加入 2 mL 氯仿保存，溶液可稳定半年以上。

（3）硝酸盐标准溶液

准确移取 100 mL 硝酸盐标准储备液，置于蒸发皿中，在水浴中蒸干，然后加入 4.0 mL 二磺酸酚，用玻璃棒摩擦蒸发皿内壁，静置 10 min，加入少量蒸馏水，移入 500 mL 容量瓶中，用蒸馏水稀释至标度刻线，即为 20 μg/mL 的标准溶液（相当于 88.54 μg NO_3^-）。

（4）硫酸银溶液

称取 4.4 g 硫酸银，溶于水中，稀释至 1 L，置于棕色瓶中避光保存。此溶液 1.0 mL 相当于 1.0 mg 氯（Cl^-）。

（5）高锰酸钾溶液（1/5 $KMnO_4$，0.100 mol/L）

称取 0.3 g 高锰酸钾，溶于蒸馏水中，并稀释至 1 L。

（6）乙二胺四乙酸二钠溶液

称取 50 g 乙二胺四乙酸二钠，用 20 mL 蒸馏水调成糊状，然后加入 60 mL 浓氨水，充分混合，使之溶解。

（7）碳酸钠溶液（1/2Na$_2$CO$_3$，0.100 mol/L）

称取 5.3 g 无水碳酸钠，溶于 1 L 水中。实验用水预先要加高锰酸钾重蒸馏，或用去离子水。

3. 步骤

（1）标准曲线的绘制

分别吸取硝酸盐氮标准溶液 0.00 mL、1.00 mL、1.50 mL、2.00 mL、2.50 mL、3.00 mL、4.00 mL 于 50 mL 比色管中，加入 1.0 mL 二磺酸酚，加入 3.0 mL 浓氨水，用蒸馏水稀释至刻度，摇匀。用 1 mL 比色皿以试剂空白作参比，于波长 410 nm 处测定吸光度，绘制标准曲线。

（2）样品的测定

①脱色。污染严重或色泽较深的水样（即色度超过 10 度），可在 100 mL 水样中加入 2 mL Al（OH）$_3$ 悬浮液。摇匀后，静置数分钟，澄清后过滤，弃去最初滤出的部分溶液（5～10 mL）。

②除去氯离子。先用硝酸银滴定水样中的氯离子含量，据此加入一定量的硫酸银溶液。当氯离子含量小于 50 mg/L 时，加入固体硫酸银。1 mg 氯离子可与 4.4 mg 硫酸银反应。取 50 mL 水样，加入一定量的硫酸银溶液或硫酸银固体，充分搅拌后通过离心或过滤除去氯化银沉淀，将滤液转移至 100 mL 的容量瓶中定容至刻度；也可在 80 ℃水浴中加热水样，摇动三角烧瓶，使氯化银沉淀凝聚，冷却后用多层慢速滤纸过滤至 100 mL 容量瓶，定容至刻度。

③去除亚硝酸盐氮影响。如果水样中亚硝酸盐氮含量超过 0.2 mg/L，可先将其氧化为硝酸盐氮。具体方法如下：在已去除氯离子的 100 mL 容量瓶中加入 1 mL 0.5 mol/L 硫酸溶液，混合均匀后滴加 0.100 mol/L 高锰酸钾溶液，至淡红色出现并保持 15 min 不褪为止，以使亚硝酸盐完全转变为硝酸盐，最后从测定结果中减去亚硝酸盐含量。

④测定。吸取上述经处理的 50.00 mL 水样（如硝酸盐氮含量较高可酌量减少）至蒸发皿内，如有必要可用 0.100 mol/L 碳酸钠溶液调节水样 pH 至中性（pH 值为 7～8），置于水浴中蒸干。取下蒸发皿，加入 1.0 mL 二磺酸酚，用玻璃棒研磨，使试剂与蒸发皿内残渣充分接触，静置 10 min，加入少量蒸馏水，搅匀，

滤入 50 mL 比色管中，加入 3 mL 浓氨水（使溶液明显呈碱性）。如有沉淀可滴加 EDTA 溶液，使水样变清，用蒸馏水稀释至刻度，摇匀，测定吸光度。根据标准曲线计算出水样中硝酸盐氮的含量。

四、数据处理

绘制 NH_3-N、NO_2^--N、NO_3^--N 的浓度与吸光度的工作曲线，根据工作曲线和样品吸光度，计算水样中三氮的含量，并比较水样中三氮的含量，评价水体的自净程度。

五、思考题

①如何通过测定三氮的含量来评价水体的自净程度？如水体中仅含有 NO_3^--N，而 NH_4^+ 和 NO_2^- 未检出，说明水体"自净"作用进行到什么阶段？如水体中既有大量 NH_3-N，又有大量 NO_3^--N，水体污染和自净状况又如何？

②用纳氏比色法测定氨氮时主要有哪些干扰，如何消除？

③在三氮测定时，要求蒸馏水中不含 NH_3、NO_2^-、NO_3^-，如何检验？

④在蒸馏比色测定氨氮时，为什么要调节水样的 pH 值在 7.4 左右？pH 值偏高或偏低对测定结果有何影响？

⑤在亚硝酸盐氮分析过程中，水中的强氧化性物质会干扰测定，如何确定并消除水中的强氧化物？

实验四　水体富营养化程度的评价

富营养化是指在人类活动的影响下，生物所需的氮、磷等营养物质大量进入湖泊、河口、海湾等缓流水体，引起藻类及其他浮游生物迅速繁殖，水体溶解氧量下降，水质恶化，鱼类及其他生物大量死亡的现象。在自然条件下，湖泊也会从贫营养状态过渡到富营养状态，其中沉积物不断增多，先变为沼泽，后变为陆地。这个自然过程非常缓慢，常需几千年甚至上万年。而人为排放含营养物质的工业废水、生活污水、养殖废水等所引起的水体富营养化现象，可以在短期内出现。水体富营养化后，即使切断外界营养物质的来源，也很难自净和恢复到正常水平。水体富营养化严重时，湖泊可被某些繁生植物及其残骸淤塞，成为沼泽甚至干地。局部海区可变成"死海"，或出现"赤潮"现象。

植物营养物质的来源广、数量大，有生活污水、农业面源、工业废水、垃圾等。生活污水中的磷主要来源于洗涤废水，而施入农田的化肥有 50%～80% 流入江河、湖海和地下水体中。

许多参数可用作水体富营养化的指标，常用的指标参数是总磷、叶绿素 a 含量和初级生产率的大小（见表 2-1）。

表 2-1　水体富营养化程度划分

营养化程度	初级生产率 / mg O$_2$ · m^{-2} · d^{-1}	总磷 / （μg · L^{-1}）	无机氮 / （μg · L^{-1}）
极贫	0 ～ 136	< 0.005	< 0.200
贫-中		0.005 ～ 0.010	0.200 ～ 0.400
中	137 ～ 409	0.010 ～ 0.030	0.300 ～ 0.650
中-富		0.030 ～ 0.100	0.500 ～ 1.500
富	410 ～ 547	≥ 0.100	≥ 1.500

注：0.005~0.010表示大于等于0.005且小于0.010，其他类同

一、实验目的

①掌握总磷、叶绿素 a 及初级生产率的测定原理及方法。
②评价水体的富营养化状况。

二、仪器与试剂

（一）仪器

①可见分光光度计。
②移液管：0 ～ 1 mL，0 ～ 2 mL，0 ～ 10 mL。
③容量瓶：0 ～ 100 mL，0 ～ 250 mL。
④锥形瓶：0 ～ 250 mL。
⑤比色管：0 ～ 25 mL。
⑥ BOD 瓶：0 ～ 250 mL。
⑦具塞小试管：0 ～ 10 mL。
⑧玻璃纤维滤膜、剪刀、玻璃棒、夹子。
⑨多功能水质检测仪。

（二）试剂

①过硫酸铵（固体）。

②浓硫酸。

③硫酸溶液：1 mol/L。

④盐酸溶液：2 mol/L。

⑤氢氧化钠溶液：6 mol/L。

⑥1% 酚酞：1 g 酚酞溶于 90 mL 乙醇中，加水至 100 mL。

⑦丙酮水溶液。

⑧酒石酸锑钾溶液：将 4.4 g K（SbO）$C_4H_4O_6 \cdot 1/2H_2O$ 溶于 200 mL 蒸馏水中，用棕色瓶在 4 ℃时保存。

⑨钼酸铵溶液：将 20 g（NH_4）$_6MO_7O_{24} \cdot 4H_2O$ 溶于 500 mL 蒸馏水中，用塑料瓶在 4 ℃时保存。

⑩抗坏血酸溶液：0.1 mol/L。溶解 1.76 g 抗坏血酸于 100 mL 蒸馏水中，转入棕色瓶。若在 4 ℃以下保存，可维持一个星期稳定不变。

⑪混合试剂：50 mL 2 mol/L 硫酸、5 mL 酒石酸锑钾溶液、15 mL 钼酸铵溶液和 30 mL 抗坏血酸溶液。混合前，先使上述溶液达到室温，并按上述次序混合。在加入酒石酸锑钾或钼酸铵后，如混合试剂有浑浊，须摇动混合试剂，并放置几分钟，至澄清为止。若在 4 ℃下保存，可维持一个星期稳定不变。

⑫磷酸盐储备液（1.00 mg/mL 磷）：称取 1.098 g KH_2PO_4，溶解后转入 250 mL 容量瓶中，稀释至刻度，即得到 1.00 mg/mL 磷溶液。

⑬磷酸盐标准溶液：量取 1.00 mL 储备液于 100 mL 容量瓶中，稀释至刻度，即得到磷含量为 10 μg/mL 的标准液。

三、实验过程

（一）磷的测定

1. 原理

在酸性溶液中，将各种形态的磷转化成磷酸根离子（PO_4^{3-}）。随之用钼酸铵和酒石酸锑钾与之反应，生成磷钼锑杂多酸，再用抗坏血酸把它还原为深色钼蓝。

砷酸盐与磷酸盐一样也能生成钼蓝，0.1 μg/mL 的砷就会干扰测定。六价铬、二价铜和亚硝酸盐能氧化钼蓝，使测定结果偏低。

2. 步骤

（1）水样处理

水样中如有大的微粒，可用搅拌器搅拌 2 ～ 3 min，以至混合均匀。量取 100 mL 水样（或经稀释的水样）两份，分别放入两只 250 mL 锥形瓶中，另取 100 mL 蒸馏水于 250 mL 锥形瓶中作为对照，分别加入 1 mL 2 mol/L H_2SO_4，3 g $(NH_4)_2S_2O_8$，微沸约 1 h，补加蒸馏水使体积为 25 ～ 50 mL（如锥形瓶壁上有白色凝聚物，须用蒸馏水将其冲入溶液中），再加热数分钟。冷却后，加 1 滴酚酞，并用 6 mol/L NaOH 将溶液中和至微红色。再滴入 2 mol/L HCl 使微红色恰好褪去，转入 100 mL 容量瓶中，加水稀释至刻度，移取 25 mL 溶液至 50 mL 比色管中，加入 1 mL 混合试剂，摇匀后放置 10 min，加水稀释至刻度，再摇匀，放置 10 min，以试剂空白作参比，用 1 cm 比色皿于波长 880 nm 处测定吸光度（若分光光度计不能测定 880 nm 处的吸光度，可选择 710 nm 波长）。

（2）标准曲线的绘制

分别吸取 10 μg/mL 磷的标准溶液 0.00 mL、0.50 mL、1.00 mL、1.50 mL、2.00 mL、2.50 mL、3.00 mL 于 50 mL 比色管中，加水稀释至约 25 mL，加入 1 mL 混合试剂，摇匀后放置放置 10 min，加水稀释至刻度，再摇匀，10 min 后，以试剂空白作参比，用 1 cm 比色皿于波长 880 nm（或 710 nm）处测定吸光度。根据吸光度与浓度的关系，绘制标准曲线。

3. 结果处理

由标准曲线查得磷的含量，按下式计算水中磷的含量：

$$\rho_P = W_P / V$$

式中：ρ_P——水中磷的含量，单位是 mg/L；

W_P——由标准曲线上查得磷的含量，单位是 μg；

V——测定时吸取水样的体积（本实验 $V = 25.00$ mL）。

（二）生产率的测定

1. 原理

绿色植物的生产率是光合作用的结果，与氧的产生量成比例。因此，测定水体中的氧可看作对生产率的测量。然而植物在任何水体中都有呼吸作用，要消耗一部分氧。因此在计算生产率时，还必须测量因呼吸作用所损失的氧。本实验采用测定 2 只无色瓶和 2 只深色瓶中相同样品内溶解氧变化量的方法测定生产率。此外，测定无色瓶中氧的减少量，提供校正呼吸作用的数据。

2. 步骤

（1）取样

取 4 只 BOD 瓶，其中 2 只用铝箔包裹使之不透光，分别记作"亮"和"暗"瓶。从水体上半部的中间取出水样，测量水温和溶解氧。本实验中溶解氧采用多功能水质检测仪测定。如果此水体的溶解氧未过饱和，则记录此值为 ρ_{OI}，然后将水样分别注入一对"亮"和"暗"瓶中。若水样中溶解氧过饱和，则缓缓地给水样通气，以除去过剩的氧。重新测定溶解氧并记作 ρ_{Oi}。按上述方法将水样分别注入一对"亮"和"暗"瓶中。

从水体下半部的中间取出水样，按上述方法同样处理。

将两对"亮"和"暗"瓶分别悬挂在与取样相同的水深位置，调整这些瓶子，使阳光能充分照射。一般将瓶子暴露几个小时，暴露期为清晨至中午，或中午至黄昏，也可为清晨至黄昏。为方便起见，可选择较短的时间。

（2）测定

暴露期结束即取出瓶子，逐一测定溶解氧，分别将"亮"和"暗"瓶的数值记为 ρ_{OI} 和 ρ_{Od}。

3. 结果处理

①呼吸作用：氧在暗瓶中的减少量 $R=\rho_{Oi}-\rho_{Od}$。
净光合作用：氧在亮瓶中的增加量 $P_n=\rho_{OI}-\rho_{Oi}$。
总光合作用：$P_g=$ 呼吸作用 + 净光合作用 =（$\rho_{Oi}-\rho_{Od}$）+（$\rho_{OI}-\rho_{Oi}$）=$\rho_{OI}-\rho_{Od}$。
②计算水体上下两部分值的平均值。
③通过以下计算来判断每单位水域总光合作用和净光合作用的日速率。
a. 把暴露时间修改为日周期：

$$P_g{}'（mg\ O_2 \cdot L^{-1} \cdot d^{-1}）= 每日光周期时间 / 暴露时间$$

b. 将氧生产率单位从 mg/L 改为 mg/m^2，这表示 $1\ m^2$ 水面下水柱的总生产率。因此必须知道产生区的水深：

$$P_g{}''（mg\ O_2 \cdot m^{-2} \cdot d^{-1}）=P_g \times 每日光周期时间 / 暴露时间 \times 10^3 \times 水深（m）$$

10^3 是体积浓度 mg/L 换算为 mg/m^3 的系数。

c. 假设全日 24 h 呼吸作用保持不变，计算日呼吸作用：

$$R（mg\ O_2 \cdot m^{-2} \cdot d^{-1}）= R \times 24/ 暴露时间（h）\times 10^3 \times 水深（m）$$

d. 计算日净光合作用：

$$P_n\,(\mathrm{mg\ O_2\cdot L^{-1}\cdot d^{-1}})=P_g-R$$

④假设符合光合作用的理想方程（$CO_2+H_2O \Longrightarrow CH_2O+O_2$），将生产率的单位转换成固定碳的单位：

$$P_m\,(\mathrm{mg\ C\cdot m^{-2}\cdot d^{-1}})=P_n\,(\mathrm{mg\ O_2\cdot m^{-2}\cdot d^{-1}})\times 12/32$$

（三）叶绿素 a 的测定

1. 原理

测定水体中的叶绿素 a 的含量，可估计该水体的绿色植物存在量。将色素用丙酮萃取，测量其吸光度值，便可以测得叶绿素 a 的含量。

2. 实验过程

①将 100 ～ 500 mL 水样经玻璃纤维滤膜过滤，记录过滤水样的体积。将滤纸卷成香烟状，放入小瓶或离心管中。加入 10 mL 或足以使滤纸淹没的 90% 丙酮液，记录体积，塞住瓶塞，并在 4 ℃下避光放置 4 h。如有浑浊，可离心萃取溶液，将一些萃取液倒入 1 cm 玻璃比色皿，盖上比色皿盖，以试剂空白为参比，分别在波长 665 nm 和 750 nm 处测其吸光度。

②加 1 滴 2 mol/L 盐酸于上述两只比色皿中，混匀并放置 1 min，再在波长 665 nm 和 750 nm 处测定吸光度。

3. 结果处理

酸化前：$A=A_{665}-A_{750}$。

酸化后：$A_a=A_{665a}-A_{750a}$。

在 665 nm 处测得吸光度减去 750 nm 处测得值是为了校正浑浊液。

用下式计算叶绿素 a 的浓度（μg/L）：

$$叶绿素\ a=29\,(A-A_a)\,V_{萃取液}/V_{样品}$$

式中：$V_{萃取液}$——萃取液体积，单位是 mL；

　　　$V_{样品}$——样品体积，单位是 mL。

根据测定结果，并查阅有关资料，评价水体富营养化状况。

四、思考题

①水体中氮、磷的主要来源有哪些？

②在计算日生产率时，有几个主要假设？

③被测水体的富营养化状况如何？

实验五　自然水中氟化物的测定与评价

氟化物（F^-）是人体必需的微量元素之一。人体含氟的数量受环境（特别是水环境）和食物含氟量、摄入量、年龄及其他金属（A1、Ca、Mg）含量的影响。一般认为，正常成年人体内共含氟 2.6 g，为体内微量元素的第三位，仅次于硅和铁。氟对牙齿及骨骼的形成和结构以及钙和磷的代谢均有重要影响。适量的氟（0.5～1 mg/L）能被牙釉质中的氟磷灰石吸附，形成坚硬质密的氟磷灰石表面保护层，它能抗酸腐蚀，抑制嗜酸细菌的活性，并拮抗某些酶对牙齿的不利影响，发挥防龋作用；还有利于钙、磷的利用和在骨骼中沉积，可加速骨骼的形成，增加骨骼的硬度。缺氟易患龋齿。饮水中含氟的适宜浓度为 0.5～1.0 mg/L（F^-）。当长期饮用含氟量高于 1.0～1.5 mg/L 水时，则易患斑齿病，如水中含氟量高于4.0 mg/L 时，则可导致氟骨病。

氟化物广泛存在于自然水体中。有色冶金、钢铁、铝加工、焦炭、玻璃、陶瓷、电子、电镀、化肥和农药厂的废水中常常含氟化物。本实验用电位法测定水中氟的含量。

一、实验目的

①掌握用电位法测定水中氟含量的原理和基本操作。

②初步了解氟与人体健康的关系。

二、实验原理

氟离子选择性电极的传感膜为氟化镧单晶片，与含氟的试液接触时，电池的电动势（E）随溶液中氟离子活度的变化而变化（遵守能斯特方程）。当溶液的总离子强度为定值时遵循下述关系式：

$$E = E^0 - \frac{2.303RT}{F} \log c_{F^-}$$

E 与 $\log c_{F^-}$ 成直线关系，2.303 RT/F 为该直线的斜率，亦为电极的斜率，即电池的电动势与试液中氟离子活度的对数成线性关系。本方法的检测限范围为 $0.05 \sim 1\,900$ mg/L。水样的颜色、浊度不影响测定。

工作电池可表示如下：

Ag｜AgCl，Cl$^-$（0.33 mol/L），F$^-$（0.001 mol/L）｜LaF$_3$‖试液‖外参比电极。

用氟电极测定氟离子时，最适宜的 pH 值范围为 $5.5 \sim 6.5$。pH 值过低，可能由于形成 HF，影响 F$^-$ 的活度；pH 过高，可能由于单晶膜中 La^{3+} 的水解，形成 La（OH）$_3$，而影响电极的响应，故通常用 pH 值为 6 的柠檬酸钠缓冲液来控制溶液的 pH 值。Fe^{3+}、Al^{3+} 对测定有严重的干扰，加入大量的柠檬酸钠可消除它们的干扰。也可采用磺基水杨酸、环己二胺四乙酸（CyDTA）等为掩蔽剂，但其效果不如柠檬酸钠。此外，用离子选择性电极测量的是溶液中离子的活度，因此，必须控制试液和标准溶液的离子强度相同；大量柠檬酸钠的存在，还可达到控制溶液离子强度的目的。

三、仪器与试剂

（一）仪器

①氟离子选择电极。
②饱和甘汞电极或氯化银电极。
③离子活度计、毫伏计或 pH 计，精确到 0.1 mV。
④磁力搅拌器，聚乙烯或聚四氟乙烯包裹的搅拌子。
⑤聚乙烯杯：100 mL，150 mL。

（二）试剂

1. 氟化物标准储备液

称取 0.221 0 g 基准氟化钠（NaF）（预先于 $105 \sim 110$ ℃干燥 2 h，或者于 $500 \sim 650$ ℃ 干燥约 40 min 后，冷却），用水溶解后转入 1 000 mL 容量瓶中，稀释至标线，摇匀，储存在聚乙烯瓶中。此溶液中氟离子浓度为 100 μg/mL。

2. 氟化物标准溶液

移取 10.00 mL 氟化钠标准储备液于 100 mL 容量瓶中，稀释至标线，摇匀。此溶液中氟离子浓度为 10 μg/mL。

3. 乙酸钠溶液

称取 15 g 乙酸钠溶于水，并稀释至 100 mL。

4. 总离子强度调节缓冲溶液（TISAB）

① 0.2 mol/L 柠檬酸钠 -1.0 mol/L 硝酸钠（TISABI）。称取 58.8 g 二水柠檬酸钠和 85 g 硝酸钠，加水溶解，用盐酸调节 pH 值至 5～6，转入 1 000 mL 容量瓶中，稀释至标线，摇匀。

② 总离子强度调节缓冲溶液（TISAB Ⅱ）。量取约 500 mL 水置于 1 000 mL 烧杯内，加入 57 mL 冰乙酸、58 g 氯化钠和 4.0 g 环己二胺四乙酸，或者 1, 2- 环己二胺四乙酸，搅拌溶解，将烧杯置于冷水浴中，慢慢地在不断搅拌下加入 6 mol/L 氢氧化钠溶液（约 125 mL），使其 pH 值达到 5.0～5.5，转入 1 000 mL 容量瓶中，稀释至标线，摇匀。

③ 1.0 mol/L 六次甲基四胺 -1.0 mol/L 硝酸钾 -0.03 mol/L 钛铁试剂（TISAB Ⅲ）。称取 142 g 六次甲基四胺（CH_2）_6N_4 和 85 g 硝酸钾（或硝酸钠），以及 9.97 g 钛铁试剂加水溶解，调节 pH 值至 5～6，转入 1 000 mL 容量瓶中，用水稀释至标线，摇匀。

5. 盐酸溶液

2 mol/L 盐酸溶液。所用水为去离子水或无氟蒸馏水。

四、实验步骤

（一）水样的采集和保存

应使用聚乙烯瓶采集和储存水样，如果水样中氟化物含量不高，pH 值在 7 以上，也可以用硬质玻璃瓶储存。

（二）仪器的准备

按测量仪器及电极的使用说明书进行。在测定前应使试液达到室温，并使试液和标准溶液的温度相同（温差不得超过 ±1 ℃）。

（三）测定

吸取适量试液，置于 50 mL 容量瓶中，用乙酸钠或盐酸溶液将其调节至近中性，加入 10 mL 总离子强度调节缓冲溶液，用水稀释至标线，摇匀。将其移入

100 mL 聚乙烯杯中，放入一只塑料搅拌子，插入电极，连续搅拌溶液待电位稳定后，在继续搅拌下读取电位值（E）。在每一次测量之前，都要用水充分洗涤电极，并用滤纸吸去水分。根据测得的数值，由校准曲线上查得氟化物的含量。

（四）空白试验

用水代替试液，按测定样品的条件和步骤进行测定。

（五）绘制校准曲线

分别取 0.00 mL、1.00 mL、3.00 mL、5.00 mL、10.00 mL、20.00 mL 氟化物标准溶液，置于 50 mL 容量瓶中，加入 10 mL 总离子强度调节缓冲溶液，用水稀释至标线，摇匀。分别移入 100 mL 聚乙烯杯中，各放入一只塑料搅拌子，以浓度由低到高为顺序，分别插入电极，连续搅拌溶液，待电位稳定后，在继续搅拌下读取电位值（E），记录数据。在每一次测量之前，都要用水将电极冲洗净，并用滤纸吸取水分。在半对数坐标纸上绘制 E（mV）- $\log c_{F^-}$（mg/L）校准曲线。浓度标于对数分格上，最低浓度标于横坐标的起点线上。

五、数据处理

水中 F^- 的浓度计算公式如下：

$$c_{F^-} = \frac{c_{测} \times V_2}{V_1}$$

式中：c_{F^-}——废水中 F^- 的浓度，单位是 mg/L；

$c_{测}$——水样中 F^- 的测定浓度，单位是 mg/L；

V_1——所取废水体积，单位是 mL；

V_2——所测水样体积，单位是 mL。

根据测定结果，分析水样中氟的污染情况，评价氟污染水体对人体健康的影响。

六、思考题

①溶液的温度和离子强度对离子选择电极法测定水中氟有什么影响？
②水中的氟化物对人体健康有什么影响？

实验六　有机物的正辛醇-水分配系数

有机化合物的正辛醇－水分配系数（K_{ow}）是指平衡状态下化合物在正辛醇和水相中浓度的比值。它反映了化合物在水相和有机相之间的迁移能力，是描述有机化合物在环境中行为的重要物理化学参数，它与化合物的水溶性、土壤吸附常数和生物浓缩因子密切相关。通过对某一化合物分配系数的测定，可提供该化合物在环境行为方面许多重要的信息，特别是对于评价有机物在环境中的危险性起着重要作用。测定分配系数的方法有振荡法、产生柱法和高效液相色谱法。

一、实验目的

①掌握有机物的正辛醇－水分配系数的测定方法。
②学习使用紫外分光光度计。

二、实验原理

正辛醇－水分配系数是平衡状态下化合物在正辛醇相和水相中浓度的比值，即

$$K_{ow} = c_o/c_w$$

式中：K_{ow}——分配系数；

c_o——平衡时有机化合物在正辛醇相中的浓度；

c_w——平衡时有机化合物在水相中的浓度。

本实验采用振荡法使对二甲苯在正辛醇相和水相中达平衡后进行离心，测定水相中对二甲苯的浓度，由此求得分配系数。

$$K_{ow} = (c_o V_o - c_w V_w)/c_w V_w$$

式中：c_o、c_w——分别为平衡时有机化合物在正辛醇相和水相中的浓度；

V_o、V_w——分别为正辛醇相和水相的体积。

三、仪器与试剂

（一）仪器

①紫外分光光度计。
②恒温振荡器。

③离心机。

④具塞比色管：0 ～ 10 mL。

⑤玻璃注射器：0 ～ 5 mL。

⑥容量瓶：0 ～ 5 mL，0 ～ 10 mL。

（二）试剂

①正辛醇：分析纯。

②乙醇：95%，分析纯。

③对二甲苯：分析纯。

四、实验内容及步骤

（一）标准曲线的绘制

移取 1.00 mL 对二甲苯于 10 mL 容量瓶中，用乙醇稀释至刻度，摇匀。取该溶液 0.10 mL 于 25 mL 容量瓶中，再用乙醇稀释至刻度，摇匀，此时浓度为 400 μL/L。在 5 只 25 mL 容量瓶中各加入该溶液 1.00 mL、2.00 mL、3.00 mL、4.00 mL 和 5.00 mL，用水稀释至刻度，摇匀。在紫外分光光度计上于波长 227 nm 处，以水为参比，测定吸光度值。利用所测得的标准系列的吸光度值对浓度作图，绘制标准曲线。

（二）溶剂的预饱和

将 20 mL 正辛醇与 200 mL 二次蒸馏水在振荡器上振荡 24 h，使二者相互饱和，静止分层后，两相分离，分别保存备用。

（三）平衡时间的确定及分配系数的测定

移取 0.40 mL 对二甲苯于 10 mL 容量瓶中，用上述处理过的被水饱和的正辛醇稀释至刻度，该溶液浓度为 4×10^4 μL/L。

分别移取 1.00 mL 上述溶液于 6 个 10 mL 具塞比色管中，用上述处理过的被正辛醇饱和的二次水稀释至刻度。盖紧塞子，置于恒温振荡器上，分别振荡 0.5 h、1.0 h、1.5 h、2.0 h、2.5 h 和 3.0 h，离心分离，用紫外分光光度计测定水相吸光度。取水样时，为避免正辛醇的污染，可利用带针头的玻璃注射器移取水样。首先在玻璃注射器内吸入部分空气，当注射器通过正辛醇相时，轻轻排出空气，在水相中已吸取足够的溶液时，迅速抽出注射器，卸下针头后，即可获得无正辛醇污染的水相。

五、实验数据处理

①根据不同时间化合物在水相中的浓度，绘制化合物平衡浓度随时间的变化曲线，由此确定实验所需要的平衡时间。

②利用达到平衡时化合物在水相中的浓度，计算化合物的正辛醇-水分配系数。

六、思考题

①正辛醇－水分配系数的测定有何意义？

②振荡法测定化合物的正辛醇-水分配系数有哪些优缺点？

实验七　环境空气中臭氧浓度的日变化曲线

在生活中，高浓度的臭氧能与建筑装饰材料发生反应，比如氧化乳胶涂料等表面涂层，还有软木器具、地毯等居家用品、丝、棉花、醋酸纤维素、尼龙和聚酯的制成品中含有不饱和碳碳键的有机化合物，从而造成染料褪色、图片图像层褪色、轮胎老化等。对人类来说，以 1 h 为单位，人体能接受的臭氧极限浓度是为 260 μg/m³，当浓度达到 320 μg/m³ 时，就会引起咳嗽、呼吸困难以及肺功能下降。

一、实验目的

①掌握靛蓝二磺酸钠分光光度法测定环境空气中臭氧含量的原理和方法。

②熟练掌握滴定操作。

③熟练掌握采样仪器和分光光度计的操作。

④明确空气中臭氧的日变化情况。

二、实验前准备

（一）试剂

①溴酸钾标准储备溶液 $[c(1/6KBrO_3)=0.100\ 0\ mol/L]$。准确称取 1.391 8 g

溴化钾（优级纯，180 ℃烘 2 h），置于烧杯中，加入少量水溶解，移入 500 mL 容量瓶中，用水稀释至标线。

②溴酸钾 - 溴化钾标准溶液［c（1/6KBrO$_5$）=0.010 0 mol/L］。吸取 10.00 mL 溴酸钾标准储备溶液于 100 mL 容量瓶中，加入 1.0 g 溴化钾（KBr），用水稀释至标线。

③硫代硫酸钠标准储备溶液［c（Na$_2$S$_2$O$_3$）=0.100 0 mol/L］。

④硫代硫酸钠标准工作溶液［c（Na$_2$S$_2$O$_3$）=0.005 00 mol/L］。临用前，取硫代硫酸钠标准储备溶液用新煮沸并冷却到室温的水准确稀释 20 倍。

⑤硫酸溶液。

⑥淀粉指示剂溶液（ρ=2.0 g/L）。称取 0.20 g 可溶性淀粉，用少量水调成糊状，慢慢倒入 100 mL 沸水，煮沸至溶液澄清。

⑦磷酸盐缓冲溶液［c（KH$_2$PO$_4$-Na$_2$HPO$_4$）=0.050 mol/L］。称取 6.8 g 磷酸二氢钾（KH$_2$PO$_4$）、7.1 g 无水磷酸氢二钠（Na$_2$HPO$_4$）溶于水，稀释至 1 000 mL。

⑧靛蓝二磺酸钠（C$_{16}$H$_8$N$_2$O$_8$Na$_2$S$_2$），简称 IDS，分析纯、化学纯或生化试剂。

⑨ IDS 标准储备溶液。称取 0.25 g 靛蓝二磺酸钠溶于水，移入 500 mL 棕色容量瓶内，用水稀释至标线，摇匀，在室温暗处存放 24 h 后标定。此溶液在 20 ℃以下避光存放可稳定 2 周。

标定方法：准确吸取 20.00 mL IDS 标准储备溶液于 250 mL 碘量瓶中，加入 20.00 mL 溴酸钾 - 溴化钾溶液后再加入 50 mL 水，盖好瓶塞，在 16 ℃±1 ℃ 生化培养箱（或水浴中放置至溶液温度与水浴温度平衡时，达到平衡的时间与温差有关，可以预先用相同体积的水代替溶液，加入量瓶中，放入温度计观察达到平衡所需要的时间。加入 5.0 mL 硫酸溶液，立即盖塞、混匀并开始计时，于 16 ℃±1 ℃暗处放置 35 min ± 1.0 min 后，加入 1.0 g 碘化钾，立即盖塞，轻轻摇匀至溶解，暗处放置 5 min，用硫代硫酸钠溶液滴定至棕色刚好褪变为淡黄色，加入 5 mL 淀粉指示剂溶液，继续滴定至蓝色消退，滴定终点时为亮黄色。记录所消耗的硫代硫酸钠标准工作溶液的体积，平行滴定所消耗的硫代硫酸钠标准溶液体积应不大于 0.10 mL。每毫升靛蓝二磺酸钠溶液相当于臭氧的质量浓度 ρ（μg/mL）计算：

$$\rho=（c_1 V_1-c_2 V_2/V）× 12.00 × 1 000$$

式中：ρ——每毫升靛蓝二磺酸钠溶液相当于臭氧的质量浓度，单位是 μg/mL；

$\quad\quad c_1$——溴酸钾-溴化钾标准溶液的浓度，单位是 mol/L；

$\quad\quad V_1$——加入溴酸钾-溴化钾标准溶液的体积，单位是 mL；

c_2——滴定时所用硫代硫酸钠标准溶液的浓度，单位是 mol/L；

V_2——滴定时所用硫代硫酸钠标准溶液的体积，单位是 mL；

V——IDS 标准储备溶液的体积，单位是 mL。

⑩ IDS 标准工作溶液。将标定后的 IDS 标准储备液用磷酸盐缓冲溶液逐级稀释成每毫升相当于 1.00 μg 臭氧的 IDS 标准工作溶液，此溶液于 20 ℃以下避光存放可稳定 1 周。

⑪ IDS 吸收液。

（二）仪器和设备

① 空气采样器，流量范围 0.0 ~ 1.0 L/min，流量稳定。使用时，用皂膜流量计校准采样系统在采样前和采样后的流量，相对误差应小于 ±5%。

② 多孔玻板吸收管，内装 10 mL 吸收液，以 0.50 L/min 流量采气，玻板阻力应为 4 ~ 5 kPa，气泡分散均匀。

③ 具塞比色管：10 mL。

④ 生化培养箱或恒温水浴，温控精度为 ±1 ℃。

⑤ 水银温度计，精度为 ±0.5 ℃。

⑥ 分光光度计，可于波长 610 nm 处测量吸光度。

⑦ 一般实验室常用玻璃仪器。

三、标准曲线

取 10 mL 具塞比色管 6 支，按表 2-2 制备 IDS 标准溶液系列。

表 2-2　IDS 标准溶液系列

管号	1	2	3	4	5	6
IDS 标准溶液 /mL	10.00	8.00	6.00	4.00	2.00	0.00
磷酸盐缓冲溶液 /mL	0.00	2.00	4.00	6.00	8.00	10.00
臭氧质量浓度 / (μg · mL^{-1})	0.00	0.20	0.40	0.60	0.80	1.00

摇匀各管，用 20 mm 比色皿以水作参比，在波长 610 nm 下测量吸光度。以校准系列中零浓度管的吸光度（A_0）与各标准色列管的吸光度（A）之差为纵坐标，臭氧质量浓度为横坐标，用最小二乘法计算校准曲线的回归方程：

$$y=bx+a$$

式中：y——A_0-A，空白样品的吸光度与各标准色列管的吸光度之差；

　　　x——臭氧质量浓度，单位为 μg/mL；

　　　b——回归方程的斜率，吸光度·mL/μg；

　　　a——回归方程的截距。

四、样品的采集测定

（一）样品的采集与保存

用内装 10.00 mL ± 0.02 mL IDS 吸收液的多孔玻板吸收管，罩上黑色避光套，以 0.5 L/min 流量采气 5～30 L。当吸收液褪色约 60% 时（与现场空白样品比较），应立即停止采样。每隔 30 分钟重复上述实验。样品在运输及存放过程中应严格避光。当确信空气中臭氧的质量浓度较低不会穿透时，可以用棕色玻板吸收管采样。样品于室温暗处存放至少可稳定 3 天。

（二）现场空白样品

将同一批配制的 IDS 吸收液，装入多孔玻板吸收管中，带到采样现场。除了不采集空气样品外，其他环境条件保持与采集空气的采样管相同。每批样品至少带两个现场空白样品。

（三）样品测定

采样后，在吸收管的入气口端串接一个玻璃尖嘴，在吸收管的出气口端用吸耳球加压将吸收管中的样品溶液移入 25 mL（或 50 mL）容量瓶中，用水多次洗涤吸收管，使其总体积达到 25.0 mL（或 50.0 mL）。用 20 mm 比色皿以水作参比，在波长 610 nm 下测定吸光度。

五、计算

①空气中臭氧的质量浓度，按下式计算：

$$\rho(O_3)(mg/m^3) = (A_0-A-a)\,V/b \times V_0$$

式中：$\rho(O_3)$——空气中臭氧的质量浓度，单位是 mg/m³；

　　　A_0——现场空白样品吸光度的平均值；

　　　A——样品的吸光度；

　　　b——标准曲线的斜率；

a——标准曲线的截距；

V——样品溶液的总体积，单位是 mL；

V_0——换算为标准状态（101.325 kPa、273 K）的采样体积，单位是 L。

所得结果精确至小数点后三位。

②空气中臭氧的日变化曲线。将上述数据每隔一定的时间记录一次，用 Excel 或 Origin 作出变化图。

六、注意事项

（一）干扰

空气中的二氧化氮可使臭氧的测定结果偏高，约为二氧化氮质量浓度的 6%。空气中二氧化硫、硫化氢、过氧乙酰硝酸酯（PAN）和氟化氢的质量浓度分别高于 750 μg/m³、110 μg/m³、1 800 μg/m³ 和 2.5 μg/m³ 时，干扰臭氧的测定。空气中氯气、二氧化氯的存在使臭氧的测定结果偏高。

（二）IDS 标准溶液标定

市售 IDS 不纯，作为标准溶液使用时必须进行标定。用溴酸钾-溴化钾标准溶液标定 IDS 的反应需要在酸性条件下进行，加入硫酸溶液后反应开始，加入碘化钾后反应即终止。为了避免副反应使反应定量进行，必须严格控制培养箱（或水浴）温度（16 ℃±1 ℃）和反应时间（35 min ± 1.0 min）。一定要等到溶液温度与培养箱（或水浴）温度达到平衡时再加入硫酸溶液，加入硫酸溶液后应立即盖塞，并开始计时。滴定过程中应避免阳光照射。

（三）IDS 吸收液的体积

本反应为褪色反应，吸收液的体积直接影响测量的准确度，所以装入采样管中吸收液的体积必须准确，最好用移液管加入。采样后向容量瓶中转移吸收液应尽量完全（少量多次冲洗）。

七、思考题

①臭氧的成因有哪些？

②靛蓝二磺酸钠在本实验中的作用是什么？

③磷酸盐缓冲溶液在实验中的作用是什么？

实验八　城市空气中氮氧化物的日变化曲线

城市作为人类聚集的地方，其空气中的氮氧化物（NO_x）主要包括一氧化氮和二氧化氮，有的来自天然过程，如生物源、闪电均可产生 NO_x。人为源的 NO_x 绝大部分来自化石燃料的燃烧过程，包括汽车及内燃机所排放的尾气，也有一部分来自生产和使用硝酸的化工厂、钢铁厂、金属冶炼厂等排放的废气，其中以工业窑炉、氮肥生产和汽车排放的 NO_x 最多。城市大气中三分之二的 NO_x 来自汽车尾气的排放，交通干线空气中 NO_x 的浓度与汽车流量密切相关，而汽车流量往往随时间而变化，因此，交通干线空气中 NO_x 的浓度也随时间而变化。

NO_x 对呼吸道和呼吸器官有刺激作用，是导致支气管哮喘等呼吸道疾病的原因之一。二氧化氮、二氧化硫、悬浮颗粒物共存时，对人体健康的危害不仅比单独 NO_x 严重得多，而且大于各污染物的影响之和，即产生协同作用。大气中的 NO_x 能与有机物发生光化学反应，产生光化学烟雾。NO_x 能转化成硝酸和硝酸盐，通过降水对水和土壤环境等造成危害。

一、实验目的

①掌握氮氧化物测定的基本原理和方法。
②绘制城市交通干线空气中氮氧化物的日变化曲线。

二、实验原理

测定氮氧化物的实验原理如图 2-1 所示。

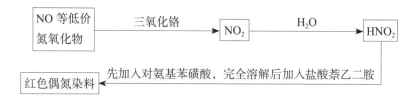

图 2-1　测定氮氧化物的实验原理

89

主要反应方程式：

$$2NO_2 + H_2O \Longrightarrow HNO_3 + HNO_2$$

$$HO_3S-\!\!\!\!\!\!\bigcirc\!\!\!\!\!\!-NH_2 + HNO_2 + CH_3COOH \Longrightarrow$$

$$HO_3S-\!\!\!\!\!\!\bigcirc\!\!\!\!\!\!-N\!\!=\!\!NOCOCH_3 + 2H_2O$$

$$HO_3S-\!\!\!\!\!\!\bigcirc\!\!\!\!\!\!-\underset{OCOCH_3}{\overset{N}{\underset{\|}{N}}} + \text{（萘环）} -NHCH_2CH_2NH_2 \cdot 2HCl \Longrightarrow$$

$$HO_3S-\!\!\!\!\!\!\bigcirc\!\!\!\!\!\!-N\!\!=\!\!N- \text{（萘环）} -NHCH_2CH_2NH_2 + 2HCl + CH_3COOH$$

玫瑰红色

三、预备实验所需仪器与试剂

（一）仪器

①大气采样器：流量范围 $0.0 \sim 1.0$ L/min。
②分光光度计。
③棕色多孔玻板吸收管。
④双球玻璃管（装氧化剂）。
⑤干燥管。
⑥比色管：10 mL。
⑦移液管：1 mL。

（二）试剂

1. 吸收液

称取 5.0 g 对氨基苯磺酸于烧杯中，将 50 mL 冰醋酸与 900 mL 水的混合液分数次加入烧杯中，搅拌，溶解，并迅速转入 1 000 mL 容量瓶中，待对氨基苯磺酸完全溶解后，加入 0.050 g 盐酸萘乙二胺，溶解后，用水定容至刻度。此溶液为吸收原液，储于棕色瓶中，低温避光保存。采样液由 4 份吸收原液和 1 份水混合配制。

2. 三氧化铬-石英砂氧化管

取约 20 g 20 ～ 40 目的石英砂，用盐酸溶液（1∶2）浸泡一夜，用水洗至中性，烘干。把三氧化铬及石英砂按质量比 1∶40 混合，加少量水调匀，放在红外灯或烘箱里于 105 ℃烘干，烘干过程中应搅拌几次。制备好的三氧化铬 - 石英砂应是松散的；若粘在一起，可适当增加一些石英砂重新制备。将此砂装入双球玻璃管中，两端用少量脱脂棉塞好，放在干燥器中保存。使用时氧化管与吸收管之间用一小段乳胶管连接。

3. 亚硝酸钠标准溶液

准确称取 0.150 0 g 亚硝酸钠（预先在干燥器内放置 24 h）溶于水，移入 1 000 mL 容量瓶中，用水稀释至刻度，即配得 100 μg/mL 亚硝酸根溶液，将其储于棕色瓶，在冰箱中保存可稳定 3 个月。使用时，吸取上述溶液 25.00 mL 于 500 mL 容量瓶中，用水稀释至刻度，即配得 5 μg/mL 亚硝酸根工作液。

所有试剂均需用不含亚硝酸盐的重蒸水或电导水配制。

四、实验步骤

（一）氮氧化物的采集

用一个内装 5 mL 采样液的多孔玻板吸收管接上双球玻璃，并使管口微向下倾斜，朝上风向，避免潮湿空气将双球玻璃弄湿而污染吸收液，如图 2-2 所示。以每分钟 0.3 L 的流量抽取空气 30 ～ 40 min。采样高度为 1.5 m，如需采集交通干线空气中的氮氧化物，应将采样点设在人行道上，距马路 1.5 m。同时统计汽车流量。若氮氧化物含量很低，可增加采样量，采样至吸收液呈浅玫瑰红色为止。记录采样时间和地点，根据采样时间和流量算出采样体积。把一天分成几个时间段进行采样（6 ～ 9 次），如 7∶00—7∶30、8∶00—8∶30、9∶00—9∶30、10∶30—11∶00、12∶00—12∶30、13∶30—14∶00、15∶00—15∶30、16∶30—17∶00、17∶30—18∶00。

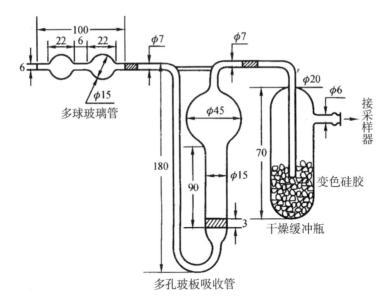

图 2-2　氮氧化物采样装置的连接

(二)氮氧化物的测定

1.标准曲线的绘制

取 7 支 10 mL 比色管,按表 2-3 配制系列标准溶液。

将各管摇匀,避免阳光直射,放置 15 min,以蒸馏水为参比,用 1 cm 比色皿在 540 nm 波长处测定吸光度。根据吸光度与浓度的对应关系,用最小二乘法计算标准曲线的回归方程式:

$$y = bx + a$$

式中:y——$A-A_0$,标准溶液吸光度(A)与试剂空白吸光度(A_0)之差;

x——NO_2^- 含量,单位是 μg;

a、b——回归方程式的截距和斜率。

按下式计算氮氧化物浓度:

$$\rho_{NO_x} = \frac{(A - A_0) - a}{b \times V \times 0.76}$$

式中:ρ_{NO_x}——氮氧化物浓度,单位是 mg/m^3;

A——样品溶液吸光度;

A_0、a、b 表示的意义同上；

V——标准状态下（25 ℃，760 mmHg）的采样体积，单位是 L；

0.76——NO_2（气）转换成 NO_2^-（液）的转换系数。

表 2-3　标准溶液系列

编号	0	1	2	3	4	5	6
NO_2^- 标准溶液（5 μg·mL^{-1}）/mL	0.00	0.10	0.20	0.30	0.40	0.50	0.60
吸收原液 /mL	4.00	4.00	4.00	4.00	4.00	4.00	4.00
蒸馏水 /mL	1.00	0.90	0.80	0.70	0.60	0.50	0.40
NO_2^- 含量 / μg	0	0.5	1.0	1.5	2.0	2.5	3.0

2. 样品的测定

采样后放置 15 min，将吸收液直接倒入 1 cm 比色皿中，在 540 nm 波长处测定吸光度。

五、数据处理

根据标准曲线的回归方程和样品吸光度值，计算出不同时间空气样品中氮氧化物的浓度，绘制氮氧化物浓度随时间变化的曲线，并说明汽车流量对交通干线空气中氮氧化物浓度变化的影响。

六、思考题

①氮氧化物与光化学烟雾有什么关系？产生光化学烟雾需要哪些条件？

②通过实验测定结果，你认为交通干线空气中氮氧化物的污染状况如何？

③空气中氮氧化物日变化曲线说明什么？

实验九　室内空气中多环芳烃的污染分析

多环芳烃（Polycyclic Aromatic Hydrocarbons，简称 PAHs）是指两个以上苯环以稠环形式相连的化合物。它是环境中广泛存在的一类有机污染物，是石油、煤炭等化石燃料及木材、烟草等有机质在不完全燃烧时产生的，具有致癌性、致畸性和致突变性。在已知的 1 000 多种致癌物中，PAHs 占三分之一以上。PAHs 的存在形态及分布主要受其本身物理化学性质、气温以及其他共存污染物如飘尘、臭氧等影响。空气中 PAHs 主要以气态、颗粒态（吸附在颗粒物上）两种形式存在，但在一定条件下两者可以相互转化。空气中 PAHs 可以与臭氧、氮氧化物和硝酸等反应，生成致癌活性或诱变性更强的化合物。

人们绝大部分时间在室内生活或工作。一方面室外空气中的 PAHs 会进入室内；另一方面室内本身也有不少 PAHs 的污染源，如抽烟、采暖、烹调等。因此，室内空气 PAHs 污染往往比室外更严重，对人体健康有很大的影响。

一、实验目的

①掌握室内空气中气态、颗粒态 PAHs 样品采集、提取、分析方法。
②掌握高效液相色谱仪的测定原理及使用方法。
③分析评价室内空气中 PAHs 的浓度水平及形态分布。

二、实验原理

室内空气中 PAHs 的污染现状分析包括样品的采集、前处理及浓度测定。本实验用 XAD-2 和玻璃纤维滤膜分别采集空气中气态、颗粒态 PAHs；用二氯甲烷作萃取剂，超声提取样品中的 PAHs，用氮气吹干浓缩样品中的 PAHs；采用梯度淋洗结合可切换波长荧光检测器的高效液相色谱法测定样品中痕量 PAHs 的峰高或峰面积，以外标法进行定量。通过测定分析，评价室内空气中 PAHs 的污染水平及形态分布。

三、仪器和试剂

（一）仪器

①高效液相色谱仪：带荧光检测器或紫外检测器。
②小体积气体采样泵。
③超声清洗器。
④电动离心机。
⑤比色管：0 ~ 10 mL、0 ~ 25 mL。
⑥离心管：0 ~ 10 mL。

⑦移液管：0 ～ 10 mL、0 ～ 25 mL。

⑧采样管：自制。

⑨ XAD-2：用甲醇在 65 ℃下恒温回流洗净至无 PAHs。

⑩玻璃纤维滤膜：Φ25 mm，使用前用二氯甲烷洗净。

⑪过滤器：0.22 μm。

⑫密封膜。

（二）试剂

① PAHs 标准储备液：芴、菲、蒽、1- 甲基芘、芘、荧蒽、苯并（e）芘、䓛、苯并（a）芘均为 200 μg/mL。

② PAHs 标准工作液：根据 HPLC（高效液相色谱仪）的灵敏度及样品的浓度配制。

③二氯甲烷、乙氰：分析纯，经重蒸和 0.22 μm 过滤器过滤后使用。

④甲醇：色谱纯，使用前经 0.22 μm 过滤器过滤，超声脱气。

⑤二甲亚枫：分析纯。

⑥高纯氮气。

⑦重蒸水：使用前经 0.22 μm 过滤器过滤，超声脱气。

四、实验步骤

（一）采样点选择

选三个学生寝室作为采样点：一号点设在吸烟的学生寝室；二号点设在不吸烟的学生寝室；三号点设在寝室外的窗台上（关闭门窗）。

（二）PAHs 样品的采集

依次在玻璃采样管中放入塑料垫圈、金属网、2.0 g XAD-2、海绵、0.5 g XAD-2、金属网，压牢；把玻璃纤维滤膜放入采样头中用垫圈密封好；用乳胶管把采样头、采样管连接起来（见图 2-3）。采用低噪声、小体积采样泵同时采集气态、颗粒态 PAHs，即分别用 Φ25 mm 玻璃纤维滤膜、XAD-2 采集气态、颗粒态 PAHs；采集时间为 24 h，流量为 0.50 L/min，采样泵的高度为离地面 1.5 m。

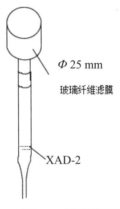

Φ 25 mm

玻璃纤维滤膜

XAD-2

图 2-3　采样装置图

（三）样品的预处理

① 气态 PAHs。采样后的 XAD-2 转移至 20 mL 二氯甲烷和乙腈的混合液（$V_{二氯甲烷}$：$V_{乙腈}$=3：2）中，超声提取 30 min，移取 10 mL 上清液至 10 mL 试管中，加入 30 μL 二甲基亚砜，用高纯氮气吹干浓缩，加入 970 μL 乙腈稀释至 1.0 mL。经 0.22 μm 过滤器过滤，然后用 HPLC 进行分析。

②颗粒态 PAHs。将采样后的玻璃纤维滤膜剪碎后加入 10 mL 二氯甲烷，超声提取 20 min，离心分离，取 5 mL 上清液至 10 mL 试管中，加入 30 μL 二甲基亚砜，用高纯氮气吹干浓缩，加入 970 μL 乙腈稀释至 1.0 mL。经 0.22 μm 过滤器过滤，然后用 HPLC 进行分析。

（四）样品的测定

色谱柱：Wakosoil 5C-18 4.6 Φ × 250 mm AR 色谱柱，Supelco 5C-18 4.6 Φ × 250 mm 预柱；柱温：40 ℃；流动相：甲醇 / 水；流量：1.0 mL/min；进样量：100 μL；检测器：程序化可变波长荧光 / 紫外检测器。

PAHs 的 HPLC 自动分析系统由两个高压输液泵、荧光 / 紫外检测器、自动进样器、控制界面、计算机等组成（见图 2-4）。由老师根据色谱测定条件调好仪器，表 2-4、表 2-5 分别列出了 HPLC- 荧光检测器测定 9 种 PAHs 的流动相和测定条件，以备参考。

将处理好的样品放入自动进样器中（根据编号顺序自动进样），样品中 PAHs 先用短预柱浓缩，用主柱进行分离，用甲醇 - 水作流动相进行梯度淋洗；同时用程序化荧光或紫外检测器测定，荧光激发波长及发射波长或紫外测定波长可根据相应 PAHs 的保留时间而变，从而选择最佳的波长进行测定。样品分析全过程及数据处理均由计算机控制完成。

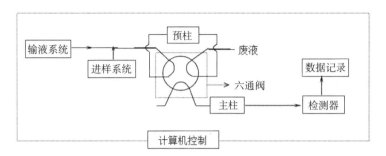

图 2-4　HPLC 结构示意图

表 2-4　测定 9 种 PAHs 流动相线性梯度

时间 /min	甲醇 /%	水 /%	六通阀切换 *
0.0	50	50	On
5.5	70	30	Off
16.0	80	20	—
20.0	85	15	—
25.0	90	10	—
30.0	95	5	—
35.0	95	5	—
40.0	100	0	—
45.0	100	0	—
50.0	50	50	—

注：* 六通阀切换的时间随待测物的性质而定。

表 2-5　PAHs 荧光测定条件

编号	PAHs	时间 /min	激发波长 /nm	发射波长 /nm
1	芴	5.5	262	315
2	菲	18.8	250	370
3	蒽	21.6	254	400

续表

编号	PAHs	时间 /min	激发波长 /nm	发射波长 /nm
4	荧蒽	25.2	287	460
5	芘	26.6	336	394
6	1- 甲基芘	32.5	336	394
7	䓛	33.8	270	360
8	苯并（e）芘	36.9	285	385
9	苯并（a）芘	38.5	296	404

（五）工作曲线的绘制

以峰高（或峰面积）为纵坐标，PAHs 浓度为横坐标，绘制每一种多环芳烃的工作曲线。多环芳烃的浓度范围应根据 HPLC 的灵敏度及样品的浓度而定。

五、数据处理

按各 PAHs 的回归方程（以峰高或峰面积定量）计算其气态、颗粒态中 PAHs 浓度，总 PAHs 浓度，气、固两态所占的比例，以及各 PAHs 在总量中所占的比例。将实验数据填在表 2-6 中。

表 2-6　实验数据记录表

记录项目	气态 PAHs	颗粒态 PAHs	计算过程
空气采样体积 V / m^3			采样时间 × 流量
测定峰高（峰面积）			仪器测定值
溶液测定浓度 C_i /（ng · mL^{-1}）			由工作曲线查得
空气中 PAHs 浓度 /（ng · m^{-3}）			$C_i \times 2/V$
空气中 PAHs 总浓度 $C_{i总}$ /（ng · m^{-3}）			$C_{i气态} + C_{i颗粒态}$
气、固态 PAHs 所占比例 /%			$C_{i气态}/C_{i总}$, $C_{i颗粒态}/C_{i总}$
i 种 PAHs 在总量中所占比例 /%			$C_{i总}/C_总$

表 2-6 中，$C_{i气态}$、$C_{i颗粒态}$ 分别是空气中 i 种 PAH 在气态、颗粒态中的浓度；i 种 PAH 总浓度 $C_{i总}=C_{i气态}+C_{i颗粒态}$；i 种 PAH 在气态、颗粒态中所占比例分别为

$C_{i气态}/C_{i总}$、$C_{i颗粒态}/C_{i总}$；i 种 PAH 在总量中所占比例为 $C_{i总}/C_总$，其中 $C_总$ 为一个样品中所有 PAHs 的 $C_{i总}$ 之和。

六、思考题

①室内空气中 PAHs 的污染程度如何？
②根据实验数据分析，说明室内空气中 PAHs 的主要来源。
③试述影响室内空气中 PAHs 存在形态的主要因素。
④为什么细颗粒对人体健康危害更大？

实验十　环境空气中挥发性有机物的污染评价

挥发性有机化合物（常用 VOCs 表示）是指沸点为 50 ～ 260 ℃、室温下饱和蒸汽压超过 1 mmHg（1 mmHg=133.322 4 Pa）的易挥发性化合物，是室内外空气中普遍存在且组成复杂的一类有机污染物。它主要来自有机化工原料的加工和使用过程，木材、烟草等有机物的不完全燃烧过程，汽车尾气的排放。此外，植物的自然排放物也会产生 VOCs。

随着工业迅速发展，建筑物结构发生了较大变化，新型建材、保温材料及室内装饰材料被广泛使用；同时各种化妆品、除臭剂、杀虫剂和品种繁多的洗涤剂也被大量应用于家庭。其中有的有机化合物可直接挥发，有的可在长期降解过程中释放出低分子有机化合物，由此造成环境空气有机物的污染。由于 VOCs 的成分复杂，其毒性、刺激性、致癌作用等对人体健康造成较大的影响。因此，研究环境中 VOCs 的存在、来源、分布规律、迁移转化及其对人体健康的影响一直受到人们的重视，并成为国内外研究的热点。

一、实验目的

①了解 VOCs 的成分、特点。
②了解气相色谱法测定环境中 VOCs 的原理，掌握其基本操作。

二、实验原理

将空气中的苯、甲苯、乙苯、二甲苯等挥发性有机化合物吸附在活性炭采样管上，用二硫化碳洗脱后，经色谱柱分离，由火焰离子化检测器测定，以保留时间定性，峰高（或峰面积）外标法定量。

本法检出限：苯 1.25 ng；甲苯 1.00 ng；二甲苯（包括邻、间、对）及乙苯均为 2.50 ng。当采样体积为 100 L 时，最低检出浓度苯为 0.005 mg/m³；甲苯为 0.004 mg/m³；二甲苯（包括邻、间、对）及乙苯均为 0.010 mg/m³。

三、仪器设备及试剂

（一）仪器

① 容量瓶：0 ~ 5 mL、0 ~ 100 mL。

② 移液管：0 ~ 1 mL、0 ~ 5 mL、0 ~ 10 mL、0 ~ 15 mL 及 0 ~ 20 mL。

③ 微量注射器：10 μL。

④带火焰离子化检测器（FID）气相色谱仪。

⑤空气采样器：流量范围 0.0 ~ 1.0 L/min。

⑥采样管：取长 10 cm、内径 6 mm 玻璃管，洗净烘干，每支内装 20 ~ 50 目粒状活性炭 0.5 g（活性炭应预先在马福炉内经 350 ℃通高纯氮灼烧 3 h，放冷后备用），分 A，B 二段，中间用玻璃棉隔开，见图 2-5。

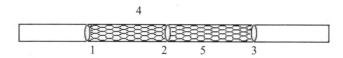

1，2，3 玻璃棉；4，5 粒状活性炭

图 2-5　活性炭吸附采样管

（二）试剂

①苯、甲苯、乙苯、邻二甲苯、对二甲苯、间二甲苯均为色谱纯试剂。

②二硫化碳：使用前须纯化，并经色谱检验。进样 5 μL，在苯与甲苯峰之间不出峰方可使用。

③苯系物标准储备液：分别吸取苯、甲苯、乙苯、邻二甲苯、间二甲苯、对二甲苯各 10.0 μL 于装有 90 mL 经纯化的二硫化碳的 100 mL 容量瓶中，用二硫化碳稀释至标线，再取上述标液 10.0 mL 于装有 80 mL 纯化过的二硫化碳的 100 mL 容量瓶中，并稀释至标线，摇匀，此储备液在 4 ℃ 可保存一个月。此储备液含苯

8.8 μg/mL；乙苯 8.7 μg/mL；甲苯 8.7 μg/mL；对二甲苯 8.6 μg/mL；间二甲苯 8.7 μg/mL；邻二甲苯 8.8 μg/mL。

储备液中苯系物含量计算公式如下：

$$\rho_{苯系物}=10/10^5 \times 10/100 \times \rho \times 10^6$$

式中：$\rho_{苯系物}$——苯系物浓度，单位是 μg/mL；

ρ——苯系物的密度，单位是 g/mL。

四、实验步骤

（一）采样

用乳胶管连接采样管 B 端与空气采样器的进气口。A 端垂直向上，处于采样位置。以 0.5 L/min 流量，采样 100～400 min。采样后，用乳胶管将采样管两端套封，样品放置不能超过 10 天。

（二）标准曲线的绘制

分别取苯系物储备液 0 mL、0.5 mL、10.0 mL、15.0 mL、20.0 mL、25.0 mL 于 100 mL 容量瓶中，用纯化过的二硫化碳稀释至标线，摇匀，其浓度见表 2-7。另取 6 只 5 mL 容量瓶，各加入 0.25 g 粒状活性炭及 1～6 号的苯系物标液 2.00 mL，振荡 2 min，放置 20 min 后进行色谱分析。

进行色谱分析的条件如下。

表 2-7　苯系物标准溶液的配制

编号	1	2	3	4	5	6
苯系物标准储备液体积 mL	0	5.0	10.0	15.0	20.0	25.0
稀释体积 /mL	100	100	100	100	100	100
苯溶液的标准浓度 / (μg·mL^{-1})	0	0.44	0.88	1.32	1.76	2.20
甲苯溶液的标准浓度 / (μg·mL^{-1})	0	0.44	0.87	1.31	1.74	2.18
乙苯溶液的标准浓度 / (μg·mL^{-1})	0	0.44	0.87	1.31	1.74	2.18
邻二甲苯溶液的标准浓度 / (μg·mL^{-1})	0	0.44	0.88	1.32	1.76	2.20
间二甲苯溶液的标准浓度 / (μg·mL^{-1})	0	0.44	0.87	1.31	1.74	2.18
对二甲苯溶液的标准浓度 / (μg·mL^{-1})	0	0.43	0.86	1.29	1.72	2.15

色谱柱：长 2 m、内径 3 mm 不锈钢柱，柱内填充涂附 2.5%DNP（2,4- 二硝基酚）及 2.5% Bentane（有机皂土 -34）的 Chromosorb WHP DMCS（Chromosorb 指色谱载体，DMCS 表示二甲基二氯硅烷处理）；

柱温：64 ℃；

气化室温度：150 ℃；

检测室温度：150 ℃；

载气（氮气）流量：50 mL/min；

燃气（氢气）流量：46 mL/min；

助燃气（空气）流量：320 mL/min；

进样量：5.0 μL。

测定标样的保留时间及峰高（或峰面积），以峰高（峰面积）对含量绘制标准曲线。

（三）样品测定

将采样管 A 段和 B 段活性炭分别移入 2 只 5 mL 容量瓶中，加入纯化过的二硫化碳 2.00 mL，振荡 2 min。放置 20 min 后，吸取 5.0 μL 解吸液注入色谱仪，记录保留时间和峰高（或峰面积），以保留时间定性及峰高（或峰面积）定量。

五、数据处理

根据下式计算苯系物各成分的浓度：

$$\rho_{苯系物} = (W_1 + W_2)/V_n$$

式中：$\rho_{苯系物}$——苯系物浓度，单位是 mg/m^3；

W_1——A 段活性炭解吸液中苯系物的含量，单位是 μg；

W_2——B 段活性炭解吸液中苯系物的含量，单位是 μg；

V_n——标准状况下的采样体积，单位是 L。

六、思考题

①根据测定的结果，评价环境空气中 VOCs 的污染状况。

②除气相色谱外，VOCs 还有哪些测定方法，它们各有哪些特点？

七、注意事项

①本实验模拟在室内通风条件较差的情况下进行油漆的喷涂操作，并测定

此条件下的室内空气苯系物的污染。

②二硫化碳和苯系物属有毒、易燃物质，在利用其配置标准样品以及对进行其保管时应注意安全。

③利用公式进行计算时，应将采样体积换算成标准状态下的体积。

实验十一　底泥对苯酚的吸附作用

底泥/悬浮颗粒物是水中污染物的源和汇。水体中有机污染物的迁移转化途径有很多，如挥发、扩散、化学或生物降解等，其中底泥/悬浮颗粒物的吸附作用对有机污染物的迁移、转化、归趋及生物效应有重要影响，在某种程度上起着决定作用。底泥对有机物的吸附主要包括分配作用和表面吸附。

苯酚是化学工业的基本原料，也是水体中常见的有机污染物。底泥对苯酚的吸附作用与其组成、结构等有关。吸附作用的强弱可用吸附系数表示。探讨底泥对苯酚的吸附作用对了解苯酚在水/沉积物多介质的环境化学行为，乃至水污染防治都具有重要的意义。

本实验以两种组分的底泥为吸附剂，吸附水中的苯酚，测出吸附等温线后，用回归法求出底泥对苯酚的吸附常数，比较它们对苯酚的吸附能力。

一、实验目的

①绘制两种组分的底泥对苯酚的吸附等温线，求出吸附常数，比较它们对苯酚的吸附能力。

②了解水体中底泥的环境化学意义及其在水体自净中的作用。

二、实验原理

试验底泥对一系列浓度苯酚的吸附情况，计算平衡浓度和相应的吸附量，通过绘制等温吸附曲线分析底泥的吸附性能和机理。

本实验采用4-氨基安替比林法测定苯酚，即在pH值为 10.0 ± 0.2 介质中，在铁氰化钾存在下，苯酚与4-氨基安替比林法反应，生成吲哚酚安替比林染料，其水溶液在波长510 nm处有最大吸收。用2 cm比色皿测量时，苯酚的最低检出浓度为0.1 mg/L。

三、仪器与试剂

（一）仪器

①恒温调速振荡器。

②低速离心机。

③可见光分光光度计。

④碘量瓶：0～150 mL。

⑤离心管：0～25 mL。

⑥比色管：0～50 mL。

⑦移液管：0～2 mL，0～5 mL，0～10 mL，0～20 mL。

（二）试剂

①无酚水。在 1 L 水中加入 0.2 g 经 200 ℃活化 0.5 h 的活性炭粉末，充分振荡后，放置过夜。用双层中速滤纸过滤，或加氢氧化钠使水呈碱性，并滴加高锰酸钾溶液至紫红色，移入蒸馏瓶中加热蒸馏，收集流出液备用。本实验应使用无酚水。

注：无酚水应储备于玻璃瓶中，取用时应避免与橡胶制品（橡皮塞或乳胶管）接触。

②淀粉溶液。称取 1 g 可溶性淀粉，用少量水调成糊状，加沸水至 100 mL，冷却，置冰箱保存。

③溴酸钾-溴化钾标准参考溶液（$c_{1/6KBrO_3}$ = 0.1 mol/L）。称取 2.784 g 溴酸钾溶于水中，加入 10 g 溴化钾，使其溶解，移入 1 000 mL 容量瓶中，稀释至标线。

④碘酸钾标准参考溶液（$c_{1/6KBrO_3}$ =0.012 5 mol/L）。称取预先在 180 ℃烘干的碘酸钾 0.445 8 g，溶于水中，并将其移入 1 000 mL 容量瓶中，稀释至标线。

⑤硫代硫酸钠标准溶液（$c_{Na_2S_2O_2}$ ≈0.012 5 mol/L）。称取 3.1 g 硫代硫酸钠溶于煮沸放冷的水中，加入 0.2 g 碳酸钠，释释至 1 000 mL，临用前，用碘酸钾标定。

标定方法：取 10.0 mL 碘酸钾溶液置于 250 mL 碘量瓶中，加水稀释至 100 mL，加入 1 g 碘化钾，再加入 5 mL 1：5 硫酸，盖好瓶塞，轻轻摇匀。置暗处放置 5 min，用硫代硫酸钠溶液滴定至淡黄色，加入 1 mL 淀粉溶液，继续滴定至蓝色刚褪去为止，记录硫代硫酸钠溶液用量。按下式计算硫代硫酸钠溶液浓度（mol/L）：

$$c_{\mathrm{Na_2S_2O_3}} = 0.012\,5 \times V_4 / V_3$$

式中：V_3——硫代硫酸钠溶液消耗量，单位是 mL；

V_4——移取碘酸钾标准参考溶液量，单位是 mL；

0.012 5——碘酸钾标准参考溶液浓度，单位是 mol/L。

⑥苯酚标准储备液。称取 1.00 g 无色苯酚溶于水中，移入 1 000 mL 容量瓶中，稀释至标线。在冰箱内保存，至少稳定 1 个月。

标定方法：吸取 10.00 mL 苯酚储备液于 250 mL 碘量瓶中，加水稀释至 100 mL，加入 10.0 mL 0.1 mol/L 溴酸钾-溴化钾溶液，立即加入 5 mL 盐酸，盖好瓶塞，轻轻摇匀，在暗处放置 10 min。加入 1 g 碘化钾，盖好瓶塞，再轻轻摇匀，在暗处放置 5 min。用 0.012 5 mol/L 硫代硫酸钠标准溶液滴定至淡黄色，加入 1 mL 淀粉溶液，继续滴定至蓝色刚好褪去，记录用量。同时以水代替苯酚储备液做空白实验，记录硫代硫酸钠标准溶液滴定用量。苯酚储备液的浓度由下式计算：

$$\rho_{\text{苯酚}} = \left[(V_1 - V_2) \times c \times 15.68 \right] / V$$

式中：$\rho_{\text{苯酚}}$——苯酚储备液的浓度，单位是 mg/mL；

V_1——空白实验中硫代硫酸钠标准溶液滴定用量，单位是 mL；

V_2——滴定苯酚储备液时，硫代硫酸钠标准溶液滴定用量，单位是 mL；

V——取用苯酚储备液体积，单位是 mL；

c——硫代硫酸钠标准溶液浓度，单位是 mol/L；

15.68——1/6 苯酚摩尔质量，单位是 g/mol。

⑦苯酚标准中间液（使用时当天配制）。取适量苯酚储备液，用水稀释，配制成 10 μg/mL 苯酚中间液。

⑧苯酚标准使用液（使用时当天配制）。取适量苯酚中间液，用水稀释，配制成 2 μg/mL 苯酚使用液。

⑨缓冲溶液（pH 值约为 10）。称取 20 g 氯化铵溶于 100 mL 氨水中，盖好瓶塞，置冰箱中保存。

⑩ 2% 4-氨基安替比林溶液。称取 2 g 4-氨基安替比林（$C_{11}H_{13}N_3O$）溶于水，稀释至 100 mL，置于冰箱中保存，可保存 1 周。

⑪ 8% 铁氰化钾溶液。称取 8 g 铁氰化钾 $\{K_3[Fe(CN)_6]\}$ 溶于水，稀释至 100 mL。置于冰箱内可保存 1 周。

四、实验内容及步骤

（一）标准曲线的绘制

在 9 支 50 mL 比色管中分别加入 0.0 mL、1.00 mL、3.00 mL、5.00 mL、7.00 mL、10.00 mL、12.00 mL、15.00 mL、18.00 mL 浓度为 10 μg/mL 的苯酚标准液，用水稀释至刻度。加 0.5 mL 缓冲溶液，混匀。此时 pH 值为 10.0 ± 0.2，加入 4- 氨基安替比林溶液 1.0 mL，混匀。再加 1.0 mL 铁氰化钾溶液，充分混匀后，放置 10 min，立即在 510 nm 波长处以蒸馏水为参比，用 2 cm 比色皿测量吸光度，记录数据，经空白校正后，绘制吸光度对苯酚含量（μg/mL）的标准曲线。

（二）吸附实验

取 12 只干净的 150 mL 碘量瓶，分为 A、B 两组。分别在每个瓶内放入 1.00 g 左右的沉积物样品 A、B（称准到 0.000 1 g，以下同）。然后按表 2-8 所给数量加入浓度为 2 000 μg/L 的苯酚使用液和无酚水，加塞密封并摇匀后，将瓶子放入振荡器中，在 25 ± 1.0 ℃下，以 150 ～ 175 r/min 的转速振荡 8 h，静置 30 min 后，在低速离心机上以 3 000 r/min 速度离心 5 min，移出上清液 10 mL 至 50 mL 容量瓶中，用水定容至刻度，摇匀，然后移出数毫升（视平衡浓度而定）至 50 mL 比色管中，用水稀释至刻度。按同绘制标准曲线相同步骤测定吸光度，从标准曲线上查出苯酚的浓度，并计算出苯酚的平衡浓度。

表 2-8　苯酚加入浓度

序号	1	2	3	4	5	6
苯酚使用液 /mL	1.0	3.0	6.0	12.5	20.0	25.0
无酚水 /mL	24	22	19	12.5	5	0
起始浓度 ρ_0/（μg·L^{-1}）	80	240	480	1 000	1 600	2 000
取上清液 /mL	2.00	1.00	1.00	1.00	0.50	0.50
稀释倍数	125	250	250	250	500	500

五、实验数据处理

①计算平衡浓度（ρ_e）及吸附量（Q）：

$$\rho_e = \rho_1 \times n$$

$$Q = ((\rho_0 - \rho_e) \times V / (W \times 1\,000)$$

式中：ρ_0——起始浓度，单位是 μg/mL；

ρ_e——平衡浓度，单位是 μg/mL；

ρ_1——在标准曲线上查得的测量浓度，单位是 μg/mL；

n——溶液的稀释倍数；

V——吸附实验中所加苯酚溶液的体积，单位是 mL；

W——吸附实验所加底泥样品的量，单位是 g；

Q——苯酚在底泥样品上的吸附量，单位是 mg/g。

②利用平衡浓度和吸附量数据绘制苯酚在底泥上的吸附等温线。

③利用吸附方程 $Q = K\rho^{1/n}$，通过回归分析求出方程中的常数 K 及 n，比较两种底泥的吸附能力。

六、思考题

①影响底泥对苯酚吸附系数大小的因素有哪些？

②哪种吸附方程更能准确描述底泥对苯酚的等温吸附曲线？

实验十二　沉积物中铁、锰的形态分析

　　研究污染物在环境中的迁移转化、自净规律、致毒作用机理以及最后归趋等环境化学行为，不仅要了解污染物的数量，还要研究其存在的化学形态，因为不同的化学形态具有不同的化学行为、环境效应和生态效应。例如，对水中溶解态金属来说，甲基汞离子的毒性大于二价无机汞离子；游离铜离子的毒性大于铜的络离子；六价铬的毒性大于三价铬的毒性；而五价砷的毒性则小于三价砷的毒性。对于沉积物中的结合态金属来说，交换态金属离子的毒性大于与有机质结合的金属以及结合于原生矿物中的金属等。因此，在研究污染物在环境中的迁移转化等化学行为和生物效应时，不但要指出污染物的总量，而且必须指明它的化学形态及不同化学形态之间相互转化过程。

　　影响化学形态变化的因素很多，包括水体的物理化学性质、其他化学物种、水生生物、微生物的种类和数量、土壤、岩石、沉积物、固体悬浮颗粒物质的表面性质等，因此化学形态变化过程的研究是一个极其复杂的问题。

化学形态变化过程的研究可借助于各种能确定化学形态存在的方法，包括各种已有的化学分析方法和仪器分析方法来进行；当考虑生物代谢作用时，还要采用生物化学方法；当研究化学形态变化的环境效应、健康效应或生态效应时，还要采用毒理学方法或生态毒理学方法。此外，还可以通过化学热力学和化学动力学计算，或利用计算机软件通过相应的模型计算等方法进行模拟。当然，也可将这些方法适当组合来进行研究。

沉积物是从水体中沉降下来的固体物质，其中所含的金属化合物，一般被认为是难溶化合物，由于沉积物的吸附，水带来的可溶性盐类的量应是极少的。除一部分源于矿物质风化的碎屑产物外，相当一部分是在水体中由溶解态金属通过吸附、沉淀、共沉淀及生物作用转变而来的。对铁、锰来说，简单的难溶化合物形态主要有：氢氧化物、氧化物、碳酸盐、硫化物、磷酸盐、各种难溶有机螯合物以及金属单质等。沉积物中不同形态金属含量的分配比与沉积物的颗粒组成及各种金属离子自身的性质有关，更与水环境的污染程度有关。

形态分析是根据所用的溶剂体系，把物质存在的极其复杂的化学形态，以其溶解度或稳定性的差异区分为几种不同类型的化学形态加以表征。通过对沉积物中污染物的化学形态分析，能够取得它们在环境中化学行为的有价值的信息。污染物在底质中的沉积，既可能是它们在环境中的归宿，又可能是产生二次污染的污染源，这就取决于它们存在的化学形态的稳定性。

一、实验目的

① 明确环境污染物化学形态分析的环境化学意义。
② 了解并掌握用化学提取法对沉积物中铁、锰化学形态进行分析的方法。
③ 掌握原子吸收测定金属元素含量的原理和方法。

二、实验原理

实验中选择钢铁厂最具特征的铁和锰两个元素，用 $HF-HNO_3-HClO_4$ 消煮沉积物制备的待测液，直接用乙炔-空气火焰的原子吸收分光光度法（AAS）测定溶液中的铁和锰。但待测液中的 Al、P 和高含量的 Ti，对测定铁有干扰，可加入 1 000 mg/L 锶（以氯化锶的形式加入）消除干扰。对锰的最灵敏线的波长是 279.5 nm，对铁的最灵敏线的波长是 248.3 nm，测定下限可达 0.01 mg/L，最佳测定范围为 2～20 mg/L。

同时，对铁和锰在沉积物样品中存在的化学形态进行分析。实验采用选择性溶剂以及通过控制不同的 pH 值，对沉积物中存在的各种化学形态的铁和锰进行连续的提取，分离出各种溶剂的提取液，再用 AAS（原子吸收光谱法）分别测定其中的铁和锰的含量。

三、仪器试剂

（一）仪器

①聚四氟乙烯坩埚。
②容量瓶：25 mL、100 mL。
③恒温调速振荡器。
④离心机。
⑤原子吸收分光光度计。
⑥砂浴。

（二）试剂

①乙酸铵溶液（1.0 mol/L，pH 值为 7.0）。称取 77 g 乙酸铵溶于水，转入 1 L 容量瓶中定容。

②乙酸钠-乙酸溶液（pH 值为 5.0）。称取 27.216 g 乙酸钠（$NaC_2H_3O_2 \cdot 3H_2O$）溶于水，转入 1 L 容量瓶中定容，配制为 0.2 mol/L 乙酸钠溶液。移取 11.5 mL 乙酸于 1 L 容量瓶中，用水定容，配制为 0.2 mol/L 乙酸溶液。取 0.2 mol/L 乙酸钠溶液 141 mL、0.2 mol/L 乙酸溶液液 59 mL，将两种溶液混合即可。

③ EDTA 溶液（0.05 mol/L，pH 值为 4.8）。称取 18.6 g EDTA 二钠盐（$Na_2H_2C_{10}H_{12}O_8N_2 \cdot 2H_2O$）溶于水，转入 1 L 容量瓶中定容。

④盐酸溶液（0.1 mol/L）。取 8.5 mL 盐酸，加水至 1 L。

⑤含 3% 过氧化氢的 2.5% 乙酸溶液（pH 值为 2.6）。将 23.9 mL 乙酸、100 mL 双氧水（含量为 30%）溶于 1 L 蒸馏水。

⑥抗坏血酸溶液（0.1 mol/L，pH 值为 2.4）。称取 17.613 g 抗坏血酸（$C_6H_8O_6$）溶于水，转入 1 L 容量瓶中，用水定容。

⑦ HF，分析纯。

⑧ HNO_3，分析纯。

⑨ $HClO_4$，分析纯。

⑩ 铁标准溶液。称取 0.100 0 g 光谱纯铁丝，溶于 20 mL 盐酸溶液 [c (HCl) =0.6 mol/L] 中，必要时加热使之溶解，移入 1 L 容量瓶中，用水定容。此为标准储备液 [ρ (Fe) =100 mg/L]。用蒸馏水准确稀释为 ρ (Fe) =10 mg/L 标准溶液。

⑪ 锰标准溶液：称取 0.247 9 g 无水硫酸锰（将 $MnSO_4 \cdot 7H_2O$ 于 150 ℃ 烘干，移入高温电炉中于 400 ℃ 灼烧 6 h，置于干燥器中冷却备用）溶于水中，加 1 mL 浓硫酸，用水定容至 1 L，此溶液为锰标准储备液 [ρ (Mn) = 100 mg/L]。用水准确稀释至 10 倍，成为 ρ (Mn) =10 mg/L 锰标准溶液。

四、实验步骤

（一）沉积物中铁和锰含量的测定

1. 绘制标准曲线

分别移取 5.00 mL、10.00 mL、15.00 mL、20.00 mL、25.00 mL 的 10 mg/L 铁或锰标准溶液于 25 mL 容量瓶中，用水稀释至刻度，配制成 2 ～ 10 mg/L 铁或锰标准溶液。用 AAS 法在波长 248.3 nm 或 279.5 nm 处，分别测定吸收值，绘制铁和锰的标准曲线。

2. 沉积物样品的预处理

称取通过 0.149 mm 尼龙筛研磨的均匀沉积物试样 0.100 0 g 于 30 mL 聚四氟乙烯坩埚中，用二次去离子水湿润样品，然后加入 10 mL HF 和 1 mL 浓硫酸，在电热板上消煮蒸发至近干时，取下坩埚。冷却后，加入 2 mL $HClO_4$，继续消煮到不再冒白烟，坩埚内残渣呈均匀的浅色（若呈凹凸状为消煮不完全）。取下坩埚，加入 1 mL 1 : 1 HNO_3，加热溶解残渣，至溶液完全澄清后（若溶液仍然混浊，说明样品消煮不完全，需加 HF 继续消煮）转移到 25 mL 容量瓶中，定容摇匀，立即转移到聚四氟乙烯小瓶中备用。

（二）沉积物中铁和锰的化学形态分析

采用选择性溶剂和控制不同的 pH 值，根据介质酸度和溶出能力，按表 2-9 所示的提取剂体系依次对沉积物连续提取，分离出各种提取剂的提取液，用容量瓶定容后，再用原子吸收光度法分别测定其中的铁和锰。准确称取 0.5 g 沉积物样品于 50 mL 离心管中，加入 50 mL 提取剂，在振荡器上振荡 30 min 后取下，在离心机上进行离心分离，然后将清液移入 100 mL 容量瓶中，离心管中的残留物用少量水洗涤数次，再进行离心分离，合并清液于容量瓶中，定容后供测定用。离心管中沉淀用下一种提取剂按照上述步骤进行提取，合并提取所得清液于容量瓶中，定容后供测定用。

表 2-9 提取剂体系

序号	溶剂	pH 值	化学反应
1	1 mol/L NH$_4$Ac	7.0	中性离子交换
2	0.1 mol/L NaAc–HAc	5.0	弱酸性离子交换
3	0.05 mol/L EDTA	4.8	螯合反应
4	0.1 mol/L HCl	1.0	酸溶解
5	3%H$_2$O$_2$ + 2.5% HAc	2.6	氧化性酸溶解
6	0.12 mol/L VC	2.4	还原性酸溶解

五、数据处理

沉积物中铁和锰的含量由相关数据求得。

六、注意事项

①消煮液的酸必须按顺序加入，三种酸不可同时加入消煮，温度也不可过高，否则 HF 挥发过快，土壤消煮不完全。

②消煮液用量因土而异，富含铁、铝的红壤及转红壤，HF 用量要大并要增加消煮次数，否则硅铝酸盐分解不完全，导致测定结果偏低。

③消煮后期加入高氯酸赶走氢氟酸时，其内容物不可烧得过干。要使内容物处于强氧化环境中，并有氯离子存在，有助于金属的溶解，否则有些内容物不能溶解在硝酸溶液中，使结果偏低。

七、思考题

①根据对沉积物中铁和锰连续提取测定的结果，铁和锰在沉积物中的化学形态分布有何特点？解释所得的结论。

②用连续提取方法进行形态分析，为什么提取剂的顺序安排很重要？

实验十三　底泥中腐殖物质的提取和分离

自然界中的腐殖物质是天然产物，存在于土壤、底泥、河底、湖泊及海洋中。它们是动物和植物躯体长期腐烂或有机物分解或合成过程中形成的特殊物质，包括胡敏素、腐殖酸、富里酸等。富里酸的分子量较小，它溶于稀碱也溶于稀酸。腐殖酸只溶于稀碱不溶于稀酸。胡敏素不能被碱提取。底泥中的腐殖物质常和不同的阳离子或不同形式的矿物质结合。其中游离的腐殖物质可用稀碱提取，不溶于水的钙、铁、铝腐殖酸盐可用焦磷酸钠使之转化成溶于水的钠盐。

腐殖物质分子中各个结构单元上有一个或多个活性基团，如羧基、酚羟基、醌基等，它们可与金属离子进行离子交换、表面吸附、螯合作用等反应，因而使重金属污染物在环境中的迁移转化过程变得复杂，并产生重大影响。

本实验用稀碱和稀焦磷酸钠混合液提取底泥中的腐殖物质。提取物酸化后析出腐殖酸，而富里酸仍留在酸化液中，据此可将富里酸和腐殖酸分离。

一、实验目的

①加深对腐殖物质的认识，深入理解其对重金属污染物迁移转化的重要影响。
②掌握提取和分离富里酸和腐殖酸的方法。

二、仪器和试剂

①水浴锅或者电炉。
②分析天平。
③电动离心机。
④恒温振荡器。
⑤离心管：50 mL。
⑥碘量瓶：250 mL。
⑦量筒：100 mL。
⑧干燥器。
⑨玻璃蒸发皿：直径 5 ～ 6 cm。
⑩台秤。

①称量瓶。

②漏斗，滤纸若干。

③烘箱。

④混合提取液：0.2 mol/L 焦磷酸钠溶液和 0.2 mol/L 氢氧化钠溶液等体积混合均匀。

⑮底泥：风干后磨碎过 100 目筛备用。

⑯盐酸溶液：1 mol/L。

⑰氢氧化钠溶液：1 mol/L。

⑱ pH 值为 3 的蒸馏水。

三、实验步骤

（一）富里酸和腐殖酸的提取与分离

称取 30 g 底泥，放入 250 mL 碘量瓶中，加入 100 mL 混合提取液，放入振荡器中，振荡 30 min。振荡完成后，将混合物均匀倒入两个离心管中，尽量使两个离心管的质量相等。把两个离心管放在离心机中的对称位置，离心 10 min（3 000 r/min）。离心完，将上层溶液倒入 250 mL 锥形瓶内，弃去管内泥渣。用 1 mol/L 盐酸溶液把锥形瓶内溶液的 pH 值调到 3。调好 pH 值后，再次振荡 30 min。完成振荡后，再次离心 10 min（3 000 r/min）。将离心后的上层溶液（主要是富里酸）倒入干净的 250 mL 锥形瓶内备用。离心管内的残渣主要含腐殖酸，保留备用。

（二）富里酸含量的测定

取一个已烘至恒重的玻璃蒸发皿，称出其质量 G（称准到 0.002 g，下同）。再移入 20 mL 富里酸溶液，用 1 mol/L 氢氧化钠溶液将其 pH 值调到 7，然后放在沸水浴上蒸干。在 105 ℃烘箱内烘至恒重后称出质量 W（g）。

空白实验：再取一个已烘至恒重的玻璃蒸发皿，称出其质量 G_0（称准到 0.002 g），移入 20 mL 混合提取液，用 1 mol/L 氢氧化钠溶液将其 pH 值调到 7，然后放在沸水浴上蒸干。在 105 ℃烘箱内烘至恒重后称出质量 W_0（g），根据差值得出引入的盐类质量 Q（g）。

（三）腐殖酸含量的测定

取一张定量滤纸，放入称量瓶中，开盖放在 105 ℃烘箱内烘至恒重。盖好瓶盖在分析天平上称出质量 A（g）。取出滤纸，放在玻璃漏斗内。用 pH 值等于 3 的蒸馏水把腐殖酸渣移入漏斗内过滤。滤干后取出滤纸，放回原称量瓶中，在 105 ℃烘箱内烘至恒重后再称出质量 B（g）。

四、数据处理

①按下式计算底泥中富里酸含量：

$$富里酸含量（\%）= \frac{W-G-Q}{30} \times 100\%$$

②按下式计算底泥中腐殖酸的含量：

$$腐殖酸的含量（\%）= \frac{B-A}{30} \times 100\%$$

五、思考题

①环境中的腐殖物质对重金属污染物的迁移转化起什么作用？

②从离心管内往滤纸上转移腐殖酸残渣时为什么要用 pH 值为 3 的蒸馏水？

③称量烘干后的滤纸时为何要盖上称量瓶的盖子？

④根据你的实验结果，观察富里酸和腐殖酸在外观上有何区别，并简要分析其原因。

实验十四　铜对辣根过氧化物酶活性的影响

辣根过氧化酶（HRP）是广泛存在于辣根内的过氧化物酶，酶活性中心含有铁卟啉环。HRP 是一种重要的分析试剂，用于分析化学、临床化学和食品工业等领域。近年来，利用 HRP 催化过氧化氢氧化废水中的酚类和芳香胺类受到广泛的重视。HRP 催化过氧化氢氧化四甲基联苯胺（TMB），可以使溶液呈蓝色，加入硫酸终止反应后，溶液呈黄色，在 450 nm 处有吸收峰。在该反应的初始阶段，反应体系吸光度随反应时间均匀增加，吸光度的变化率作为反应速率，可以表示 HRP 的酶活性的大小。

现有研究表明，金属离子可以影响酶的活力从而对酶活性产生一定的抑制作用。本实验设计在 HRP 反应体系中加入不同浓度的 Cu^{2+}，根据反应速率的变化，研究铜对辣根过氧化物酶活性的影响。

一、实验目的

①了解和掌握酶促反应动力学的原理和研究方法。

②了解铜对辣根过氧化物酶活性的影响。

二、仪器和试剂

（一）仪器

①恒温水浴锅。

②微量移液器。

③ 96 孔培养板。

④酶标仪。

⑤带塞玻璃瓶，0 ～ 10 mL。

⑥秒表。

⑦移液管。

⑧滴管。

⑨ 4 孔泡沫塑料板。

⑩温度计。

（二）试剂

①磷酸氢二钠-柠檬酸缓冲液：溶液 pH 值为 5.0，0.1 mol/L 磷酸氢二钠 -0.05 mol/L 柠檬酸缓冲液。

② TMB 储备液（10 mg/L）：称取一定量的 TMB，溶于二甲基亚砜，浓度为 10 mg/L。

③硫酸：2 mol/L。

④ $Cu(NO_3)_2$ 原液：0.28 mol/L。

⑤辣根过氧化物酶原液：1.5 mg/L。

⑥过氧化氢（H_2O_2）。

三、实验步骤

①配制底物溶液。在最大容积为 10 mL 的玻璃瓶中加入 9.9 mL 磷酸氢二钠 - 柠檬酸缓冲液和 100 μL 的 TMB 储备液，再加入 10 μL 的 3% 的过氧化氢，混匀，放置在 25 ℃水浴锅中预热。

②配制含有不同浓度 Cu^{2+} 的辣根过氧化物酶溶液：在 6 个 1.5 mL 离心管中分别配制总体积为 200 μL 含 $Cu(NO_3)_2$ 原液的体积比分别为 0、25%、50%、100% 的溶液，再分别加入 5 μL 的 HRP 原液，放置在 30 ℃水浴锅中预热。

③在 96 孔培养板的板孔中各加入 50 μL 的 H_2SO_4，共 8 行，4 列。

④ 在 4 个离心管中分别加入 1.2 mL 底物溶液，各管之间加液间隔时间为 15 s，从第一个离心管加液后开始计时。各管开始反应后每隔 1.5 min 取 150 μL 反应液加入板孔中，共取 8 次样。4 个离心管，共计 32 个样。

⑤在酶标仪上读出 450 nm 处板孔的吸光度，列表记录各板孔吸光度数值。

四、数据处理

①离心管和酶标板孔标号的数据记录如表 2-10 所示。

表 2-10　离心管和酶标板孔标号的数据记录

离心管序号		1	2	3	4
离心时间 /s		0	15	30	45
板孔					
A	加样时间				
	吸光度				
B	加样时间				
	吸光度				
C	加样时间				
	吸光度				
D	加样时间				
	吸光度				
E	加样时间				
	吸光度				
F	加样时间				
	吸光度				
G	加样时间				
	吸光度				
H	加样时间				
	吸光度				

②用 Microsoft Excel 软件绘制不同 Cu^{2+} 浓度条件下，吸光度 A 随时间 t 的变化曲线，线性部分的斜率作为酶促反应的速率，可以表示 HRP 酶活性的大小。根据实验结果比较不同浓度的铜对酶活性的影响。

五、思考题

①酶促反应动力学通常用什么方程进行描述？写出该方程，并解释它的意义。

②随着反应的进行，酶促反应的速率会如何变化？产生这种变化的原因是什么？

③用 96 孔培养板和酶标仪测定吸光度与用紫外-可见分光光度计和比色皿测定吸光度相比，有什么优缺点？

实验十五　土壤的阳离子交换量

土壤是环境中污染物迁移转化的重要场所，土壤的吸附和离子交换能力又使它成为重金属类污染物的主要归宿。污染物在土壤表面的吸附剂离子交换能力又和土壤的组成、结构等有关，因此，对土壤性能的测定，有助于了解土壤对污染物质的净化能力以及对污染负荷的允许程度。

土壤中主要存在三种基本成分：无机物、有机物和微生物。在无机物中，粘土矿是其主要部分。粘土矿的晶格结构中存在许多层状的硅铝酸盐，其结构单元是四面体硅氧和八面体铝氧。四面体硅氧层中的 Si^{4+} 常被 Al^{3+} 部分取代；八面体铝氧层中的部分 Al^{3+} 可被 Fe^{2+}、Mg^{2+} 等离子取代，取代的结果便在晶格中产生负电荷。这些负电荷分布在硅酸盐的层面上，并以静电引力吸附层间存在的阳离子，以保持电中性。这些阳离子主要是 Ca^{2+}、Mg^{2+}、Al^{3+}、Na^+、K^+ 和 H^+ 等，它们往往被吸附于矿物质胶体表面，决定着粘土矿的阳离子交换行为。

土壤中的有机物质主要是腐殖物质，它们可分为三类。第一类是不能被碱萃取的胡敏素；第二类是可被碱萃取，但当萃取液酸化时析出而成为沉淀物的腐殖酸，第三类是酸化时不沉淀的富里酸。这些物质成分复杂，分子量不固定，结构单元上存在各种活性基因。它们在土壤中可以提供大量的阳离子交换能力，而且对重金属污染物在土壤中的吸附、络合等行为起着重要作用。土壤中存在的这些阳离子可被某些中性盐水溶液中的阳离子交换。若无副反应，交换反应可以等量地进行。

$$\begin{array}{c}\text{土}\\\text{壤}\end{array}\begin{bmatrix}Ca^{2+}\\Mg^{2+}\\Al^{3+}\\Na^{+}\\K^{+}\\H^{+}\end{bmatrix}+5BaCl_2=\begin{array}{c}\text{土}\\\text{壤}\end{array}\begin{bmatrix}Ba^{2+}\\Ba^{2+}\\Ba^{2+}\\Ba^{2+}\\Ba^{2+}\\Ba^{2+}\end{bmatrix}+\begin{array}{l}CaCl_2\\MgCl_2\\AlCl_3\\NaCl\\KCl\\HCl\end{array}$$

因为上述反应中存在交换平衡，所以，交换反应实际上不完全。当溶液中的交换剂浓度大、交换次数增加时，交换反应可趋于完全。同时，交换离子的本性，土壤的物理状态等对交换完全也有影响。若用过量的强电解质，如硫酸溶液，把交换到土壤中的钡离子交换下来，这是由于生成了硫酸钡沉淀，且由于氢离子的交换吸附能力很强，交换基本完全。这样，通过测定交换反应前后硫酸含量变化，可算出消耗的酸量，进而算出阳离子交换量。这种交换量是土壤的阳离子交换总量，通常用每100 g干土中的毫摩尔数表示。

一、实验目的

①测定污染土壤表层和深层土的阳离子交换总量。
②了解污染对阳离子交换量的影响。

二、仪器和试剂

①分析天平。
②电动离心机。
③离心管：0～50 mL。
④锥形瓶：0～100 mL和0～250 mL。
⑤量筒：0～25 mL。
⑥试管：0～25 mL。
⑦烧杯：0～800 mL。
⑧小烧杯、玻璃棒、滴管等。
⑨氢氧化钠标准溶液：0.1 mol/L。称取2 g分析纯氢氧化钠，溶解在500 mL煮沸后冷却的蒸馏水中。称取0.5 g（在分析天平上称）于105 ℃烘箱中烘干后的邻苯二甲酸氢钾两份，分别放入250 mL锥形瓶中，加100 mL煮沸冷却的蒸馏水溶解，再加4滴酚酞指示剂，用配制的氢氧化钠标准溶液滴定到溶液呈淡红色，再用煮沸冷却后的蒸馏水做一个空白实验，并从滴定邻苯二甲酸氢钾的氢氧化钠溶液中扣除空白值。

计算式：

$$N_{NaOH} = \frac{V_{HCl} \times N_{HCl}}{V_{NaOH}}$$

式中：V_{NaOH}——耗去的氢氧化钠溶液体积，单位是 mL。

⑩氯化钡溶液：1 mol/L。称取 60 g $BaCl_2 \cdot 2H_2O$ 溶于 500 mL 蒸馏水中。

⑪硫酸溶液：0.2 mol/L。

⑫酚酞指示剂 1%（W/V）。

⑬土壤，风干后磨碎过 200 目筛。

三、实验步骤

① 取 4 个洗净烘干且质量相近的 50 mL 离心管，分别套在相应的 4 个小烧杯上，然后在电子天平上称出质量 W（称准到 0.005 g，以下同）。往其中的 2 个离心管中各加入 1 g 的表层风干土壤，在另外 2 个离心管中分别加入 1 g 的深层风干土壤，4 个离心管及其相应的称量架均做好记号。

②从称量架上取下离心管，用量筒向各管中加入 1 mol/L 氯化钡溶液 20 mL，加完用玻璃棒搅拌 4 min。然后将 4 个离心管放入离心机内，以 3 000 r/min 的转速离心 5 min，直到管内上层溶液澄清，下层土壤紧密结实为止。离心完倒尽上层溶液。然后再加入 1 mol/L 氯化钡溶液 20 mL，重复上述步骤再交换一次。离心完保留离心管内的土层。

③再向离心管内倒入 20 mL 蒸馏水，用玻璃棒搅拌 1 min。再在离心机内离心沉转（3 000 r/min，5 min），直到土壤完全沉积在管底部，上层溶液澄清为止。倒尽上层清液，将离心管连同管内土样一起放在相应的小烧杯中，在电子天平上称出各管的质量 G（g）。

④往离心管中移入 25 mL 0.2 mol/L 硫酸溶液，搅拌 10 min 后放置 20 min，然后离心沉降（3 000 r/min，5 min）。离心完把管内上清液分别倒入 4 个洗净烘干的试管内，再从 4 个试管内各移出 10 mL 溶液到 4 个干净的 100 mL 锥形瓶内。另外移出两份 10 mL 0.2 mol/L 硫酸溶液到第 5、第 6 个锥形瓶内。在 6 个锥形瓶内各加入 10 mL 蒸馏水和 2 滴酚酞指示剂，用标准氢氧化钠溶液滴定到红色刚好出现并于数分钟内红色不褪为滴定终点。10 mL 0.2 mol/L 硫酸溶液消耗的氢氧化钠溶液体积 A（mL）和样品消耗氢氧化钠溶液体积 B（mL），氢氧化钠溶液的准确浓度 M（mol/L），连同以上的数据一起记入表 2-11 中。

表 2-11　土壤阳离子交换量实验数据记录表

土壤	表层土		深层土			1	
	1	2	1	2			
干土质量 / g					A/mL	2	
W / g							
G / g						平均	
m / g							
B / mL							
交换量 /（mmol/100 g 土）					N_{NaOH}		
平均交换量 /（mmol/100 g 土）							

四、数据处理

按下式计算土壤阳离子交换量：

$$交换量（mmol / 100 \ g土）= \frac{\left[A \times 2.5 - B \times \frac{25 + m}{10} \right] \times N}{干土质量} \times 100$$

式中：A、B、N 代表的意义如前所述；

m——加硫酸前土壤的水量（$m = G - W -$ 干土质量）。

五、思考题

①根据实验数据，说明两种土壤阳离子交换量存在差别的原因。
②本法是测定阳离子交换量的快速法，除本法外，还有哪些方法可以采用？
③试述土壤中离子交换与吸附作用对污染物迁移转化的影响。

实验十六　土壤中的农药残留

农药是人工合成的分子量较大的有机化合物，如有机氯、有机磷、有机汞、有机砷等，主要有杀虫剂、杀菌剂及除草剂等类型。大量而持续地使用农药可使其在土壤中不断累积，当达到一定程度时便会影响作物的产量和质量，从而成为土壤中的污染物质。农药可通过各种途径如挥发、扩散、移动等进入大气、水体和生物体中，造成其他环境要素的污染，通过食物链对人体产生危害。由于吸附作用使一部分农药残留在土壤中，其残留量主要与其理化性质、药剂用量、植被以及土壤类型、结构、酸碱度、含水量、金属离子及有机质含量、微生物种类与数量等有关。农药的残留对其迁移、降解、生物生态效应产生很大的影响。

从环境保护的角度看，各种化学农药的残留期越短越好，以免造成环境污染，进而通过食物链危害人体健康；但从植物保护的角度来看，如果残留期太短，就难以达到理想的杀虫、治病、灭草的效果。因此，对于农药残留期的评价要从防止污染和提高药效两方面考虑。对农药的残留性进行评价便于我们了解农药的环境化学行为和生物生态效应，为合成高效新农药提供理论依据。

一、实验目的

①掌握农药残留性的测定原理及方法。
②理解农药残留性评价的环境化学意义。

二、实验原理

用极性有机溶剂分三次萃取土壤中的有机磷农药，用带火焰光度检测器（FPD）的气相色谱法测定有机磷农药含量。火焰光度检测器对含硫、磷的物质有较高的选择性，当含硫、磷的化合物进入燃烧的火焰中时，将发出一定波长的光，用适当的滤光片滤去其他波长的光，然后由光电倍增管将光转变为电信号放大后记录下来。当所用仪器不同时，该方法的检出范围也不同。通常常用农药最小检出浓度如下：乐果，0.02 μg/mL；甲基对硫磷，0.01 μg/mL；马拉硫磷，0.02 μg/mL；乙基对硫磷，0.01 μg/mL。

三、仪器与试剂

（一）仪器

①气相色谱仪（带火焰光度检测器）。
②旋转蒸发仪。
③振荡器。
④分液漏斗：0 ～ 1 000 mL。
⑤ Celite 545 布氏漏斗。
⑥量筒：0 ～ 100 mL、0 ～ 50 mL。

（二）试剂

①丙酮（分析纯）。

②二氯甲烷（分析纯）。

③氯化钠（分析纯）。

④色谱固定液。

⑤载体：Chromosorb W HP（80～100 目）。

⑥有机磷农药标准储备溶液。将色谱纯乐果、甲基对硫磷、马拉硫磷、乙基对硫磷用丙酮配制成 300 μg/mL 的单标储备液（在冰箱内 4 ℃保存 6 个月），再分别将其稀释 30～300 倍，配制成适当浓度的标准使用溶液（在冰箱内 4 ℃保存 1～2 个月）。

四、实验步骤

（一）样品的采集与制备

用金属器械采集样品，并将其装入玻璃瓶，在到达实验室前使它不变质或受到污染。样品到达实验室之后应尽快进行风干处理。

将采回的样品全部倒在玻璃板上，铺成薄层，经常翻动，在阴凉处使其慢慢风干。风干后的样品用玻璃棒碾碎后，过 2 mm 筛（铜网筛），除去砂砾和植物残体。将上述样品反复按四分法缩分，最后留下足够的分析样品，再进一步用玻璃研钵磨细，全部通过 60 目金属筛。过筛的样品充分摇匀、装瓶以备分析用。在制备样品时，必须注意不要使样品受到污染。

（二）样品提取

称取 60 目土壤样品 20 g，加入 60 mL 丙酮，振荡提取 30 min，在铺有 Celite 545 的布氏漏斗中抽滤，用少量丙酮洗涤容器与残渣后，倾入漏斗中过滤，合并滤液。

将合并后的滤液转移入分液漏斗中，加入 400 mL 的 10% 氯化钠水溶液，分别用 100 mL、50 mL 二氯甲烷萃取两次，每次 5 min。将萃取液合并后，在旋转蒸发仪上蒸发至干（小于 35 ℃），用二氯甲烷定容，以供分析有机磷农药的残留量。

（三）测定

将有机磷农药储备液用丙酮稀释配制成混合标准使用液（见表 2-12），并用色谱仪测定，以确定氮磷检测器的线性范围。

表 2-12　有机磷农药标准使用液的配制

农药名称	浓度 /（μg·mL⁻¹）				
乐果	1.8	3.6	5.4	7.2	9.0
甲基对硫磷	0.6	1.2	1.8	2.4	3.0
马拉硫磷	1.5	3.0	4.5	6.0	7.5
乙基对硫磷	0.9	1.8	2.7	3.6	4.5

将定容后的样品萃取液用色谱仪进行分析，记录峰高。根据样品溶液的峰高选择接近样品浓度的标准使用液，在相同色谱条件下分析，记录峰高。

色谱条件：色谱柱，3.5%OV–101+3.25%OV–210/Chromosorb W HP（80～100目）；玻璃柱，长 2 m，内径 3 mm，也可以用性能相似的其他色谱柱。

气体流速：氮气，50 mL/min；氢气，60 mL/min；空气，60 mL/min。

柱温：190 ℃。

气化室温度：220 ℃。

检测器温度：220 ℃。

进样量：2 μL。

五、数据处理

4 种农药的残留量计算公式如下：

$$有机磷农药的残留量（mg/g）=（C_{测}/V）/m$$

式中：$C_{测}$——从工作曲线上查出的有机磷农药测定浓度，单位是 mg/L；

　　　V——有机磷农药提取液的定容体积，单位是 L；

　　　m——土壤样品的质量，单位是 g。

六、思考题

①有机农药的提取和分析方法有哪些？

②有机农药残留性的影响因素有哪些？对有机农药环境化学行为的影响怎样？

实验十七　重金属在土壤 – 植物体系中的迁移

人体内的微量元素不仅参与机体的组成，还担负着不同的生理功能，如铁、铜、锌是组成酶和蛋白质的重要成分，铅、钒、银、铁、铜、锌等元素能影响核酸的代谢作用，部分微量元素还与心血管疾病、瘫痪、生育、衰老、智力甚至癌症有密切关系。这些微量元素在人体组织中都有一个相当恒定的浓度范围，它们之间互相协同或互相拮抗，过量或缺乏都会破坏人体内部的生理平衡，引起机体疾病，使人体健康受到不同程度的影响。

人体所需的微量元素主要通过粮食、蔬菜、水等摄入体内。粮食中微量元素种类众多，其中有人体所必需的元素（铜、锌、锰、铁等），也有环境污染元素（铅、镉、汞等）。在农业生态环境中，土壤是连接生物、有机与无机界的重要枢纽，环境中的有机物、无机物可以通过各种途径进入土壤 – 植物体系。重金属元素可通过土壤累积于植物体内。这种迁移结果必然引起重金属的富集与分散，而人类处于食物链的顶端，易受其害。因此，测定粮食及土壤中微量元素的含量，不仅可以评价粮食的营养价值，还可以了解重金属在土壤 – 植物体系中的迁移转化能力。

一、实验目的

①用原子吸收法测定土壤及粮食样品中 Pb、Zn、Cu、Cd 的含量。
②了解土壤 – 植物体系中重金属的迁移、转化规律。

二、实验原理

通过消化处理将在同一农田采集土壤及粮食样品中的各种形态的重金属转化为离子态，用原子吸收分光光度法测定其含量（测定条件见表 2-13）；通过比较分析土壤和作物中的重金属含量，探讨重金属在土壤 – 植物体系中的迁移能力。

表 2-13　原子吸收分光光度法测定重金属的条件

测定条件	项目			
	Cu	Zn	Pb	Cd
测定波长 /nm	324.7	213.8	283.3	228.8

续表

测定条件	项目			
	Cu	Zn	Pb	Cd
通带宽度 /nm	0.2	0.2	0.2	0.2
火焰类型	乙炔-空气、氧化型火焰			
灵敏度 / (μg·mL^{-1})	0.09	0.02	0.50	0.03
检测范围 / (μg·mL^{-1})	0.05 ～ 5.0	0.05 ～ 1.0	0.2 ～ 10	0.05 ～ 1.0

三、仪器与试剂

（一）仪器

①原子吸收分光光度计。

②尼龙筛（100 目）。

③电热板。

④量筒：0 ～ 100 mL。

⑤高型烧杯：0 ～ 100 mL。

⑥容量瓶：0 ～ 25 mL，0 ～ 100 mL。

⑦三角烧瓶：0 ～ 100 mL。

⑧小三角漏斗。

⑨表面皿。

（二）试剂

①硝酸、硫酸：优级纯。

②氧化剂：空气，用气体压缩机供给，经过必要的过滤和净化。

③金属标准储备液：准确称取 0.500 0 g 光谱纯金属，用适量的 1∶1 硝酸溶解，必要时加热直至溶解完全。用水稀释至 500.0 mL，即得 1.00 mg/mL 金属标准储备液。

④混合标准溶液：用 0.2% 硝酸稀释金属标准储备溶液配制而成，使配成的混合标准溶液中镉、铜、铅和锌浓度分别为 10.0 μg/mL、50.0 μg/mL、100.0 μg/mL 和 10.0 μg/mL。

四、实验步骤

（一）土壤样品的制备

1. 土壤样品的采集

在粮食生长季节，从田间取回土壤样品，倒在塑料薄膜上，晒至半干状态，将土块压碎，除去残根、杂物，铺成薄层，经常翻动，在阴凉处使其慢慢风干。风干土壤样品用有机玻璃棒或木棒磨碎后，过 2 mm 尼龙筛，除去 2 mm 以上的砂砾和植物残体。将上述风干细土反复按四分法弃取，最后约留下 100 g 土壤样品，在进一步磨细，通过 100 目筛，装于瓶中（注意在制备过程中不要被沾污）。取 20～30 g 土壤样品，装入瓶中，在 105 ℃下烘 4～5 h，恒重。

2. 土壤样品的消解

准确称取烘干土壤样品 0.48～0.52 g 两份（准确到 0.1 mg），分别置于高型烧杯中，加水少许润湿，再加入 1∶1 硫酸 4 mL，浓硝酸 1 mL，盖上表面皿，在电热板上加热至冒白烟。如消解液呈深黄色，可取下稍冷，滴加硝酸后再加热至冒白烟，直至土壤变白。取下烧杯后，用水冲洗表面皿和烧杯壁。将消解液用滤纸过滤至 25 mL 容量瓶中，用水洗涤残渣 2～3 次，将清液过滤至容量瓶中，用水稀释至刻度，摇匀备用。同时做一份空白试验。

（二）粮食样品的制备

1. 粮食样品采集

取与土壤样品同一地点的谷粒，脱壳得糙米，再经粉碎，研细成粉，装入样品瓶，保存于干燥器中。

2. 粮食样品消解

准确称取 1～2 g（精确到 0.1 mg）经烘箱恒重过的粮食样品两份，分别置于 100 mL 三角烧瓶中，加 8 mL 浓硝酸，在电热板上加热（在通风橱中进行，开始低温，逐渐提高温度，但不宜过高，以防样品溅出），消解至红棕色气体减少时，补加硝酸 5 mL，硝酸总量控制在 15 mL 左右，加热至冒浓白烟、溶液透明（或有残渣）为止，过滤至 25 mL 容量瓶中，用水洗涤滤渣 2～3 次后，稀至刻度，摇匀备用。同时做一份空白实验。

（三）土壤及粮食样品中的 Pb、Zn、Cu、Cd 的测定

按表 2-13 所列的条件调好仪器，用 0.2% 硝酸调零。吸入空白样和试样，测定其吸光度，记录数据。扣除空白值后，从标准曲线上查出试样中的金属浓度。由于仪器灵敏度的差别，土壤及粮食样品中的重金属元素含量不同，必要时应对试液稀释后再测定。

（四）工作曲线的绘制

分别在 6 只 100 mL 容量瓶中加入 0.00 mL、0.50 mL、1.00 mL、3.00 mL、5.00 mL、10.00 mL 混合标准溶液，用 0.2% 硝酸稀释定容。此混合标准系列各金属的浓度见表 2-14。接着按样品测定的步骤测定吸光度。用经空口校正的各标准的吸光度对相应的浓度作图，绘制标准工作曲线。

表 2-14 标准系列的配制和浓度

混合标准溶液体积 /mL		0	0.50	1.00	3.00	5.00	10.00
金属浓度 / （μg·mL^{-1}）	Cd	0	0.05	0.10	0.30	0.50	1.00
	Cu	0	0.25	0.50	1.50	2.50	5.00
	Pb	0	0.50	1.00	3.00	5.00	10.0
	Zn	0	0.05	0.10	0.30	0.50	1.00

五、数据处理

分别从标准工作曲线上查得被测试液中各金属的浓度，根据下式计算出样品中被测元素的含量：

$$被测元素含量（μg/g）=（C \times V）/M_实$$

式中：C——被测试液的浓度，单位是 μg/mL；

V——试液的体积，单位是 mL；

$M_实$——样品的实际质量，单位是 g。

六、思考题

①粮食的前处理有干法及湿法两种，各有什么优缺点？

②比较 Cu、Zn、Pb、Cd 在土壤及粮食样品中的含量，描述土壤—粮食体系中 Cu、Zn、Pb、Cd 的迁移情况，分析重金属富集的情况及影响因素。

实验十八　苯酚的光降解速率常数

有机污染物在水体中的光化学降解强烈地影响着它们在水中的归宿；因而对水体中有机污染物光化学降解的研究已成为水环境化学的一个重要的研究领域。目前，光降解技术已成为许多难降解有机污染物的有效去除手段。

水体中有机污染物光化学降解规律的研究主要包括两方面的内容。一方面是研究其降解速率及影响因素；另一方面是研究有机污染物降解产物，包括中间产物的毒性大小。需要注意的是，有机污染物的光化学降解产物可能还是有毒的，甚至比母体化合物的毒性更大。因而有机污染物的分解并不意味着毒性的消失。

苯酚普遍存在于石油、煤气等工业废水中，天然水中苯酚的含量经常超标。因此，研究天然水中苯酚的降解对控制其污染是很有意义的。

一、实验目的

测定苯酚在光作用下的降解速度，并求得速率常数。

二、实验原理

$$H_2O_2 + hv \rightarrow 2 \cdot OH$$
$$Fe(OH)^{2+} + hv \rightarrow Fe^{2+} + \cdot OH$$
$$Fe^{2+} + H_2O_2 \rightarrow Fe^{3+} + \cdot OH + OH^-$$
$$RH + \cdot OH \rightarrow CO_2 + H_2O$$

有机污染物的光降解速率，可用下式表示：

$$-\frac{dc}{dt} = Kc[O_x]$$

式中：c——天然水中苯酚的浓度；

　　$[O_x]$——天然水中的氧化基团。

上式积分得：

$$\ln\frac{c_0}{c} = K[O_x]t = K't$$

式中：c_0——天然水中苯酚的起始浓度；

c——时间为 t 时测得苯酚的浓度；

$[O_x]$——天然水中氧化性基团的浓度。一般是定值，认为其在反应过程中的浓度维持不变。

K'——所得到的衰减曲线的斜率。绘制 $\ln\dfrac{c_0}{c}$-t 关系曲线，可求得 K' 值，即光降解速率常数。

本实验在含苯酚的蒸馏水溶液中加入 H_2O_2 和 $FeCl_3$，模拟含苯酚天然水进行光降解实验。苯酚的测定根据的是氧化剂铁氰化钾存在的碱性条件下，苯酚与 4-氨基安替比林反应，生成橘红色的吲哚酚安替比林染料，其水溶液呈红色，在 510 nm 处有最大吸收。在一定浓度范围内，苯酚的浓度与吸光度值成线性关系。

三、仪器和试剂

（一）仪器

① 可见光分光光度计。
② 磁力搅拌器。
③ 高压汞灯：250 W。

（二）试剂

① 苯酚标准储备液：2 000 mg/L。
② 50 mg/L 苯酚标准中间液：取苯酚标准储备液 2.5 mL 稀释至 100 mL。
③ 1 000 mL 1.0×10^3 mol/dm³ EDTA 的配制：称取 0.29 g EDTA（或 EDTA 二钠盐 0.34 g）于 1 000 mL 烧杯中，加入蒸馏水 1 000 mL，搅拌，直至完全溶解（EDTA 在 25 ℃的溶解度仅为 0.5 g/L，EDTA 二钠盐溶于水）。
④ 缓冲溶液：称取 20 g NH_4Cl 溶于 100 mL 浓 $NH_3 \cdot H_2O$ 中。
⑤ 1% 的 4-氨基安替比林溶液：储存于棕色瓶中在冰箱内可保存 1 周。
⑥ 4% 的铁氰化钾溶液：储存于棕色瓶中在冰箱内可保存 1 周。
⑦ 0.36 % 的 H_2O_2 溶液：取浓 H_2O_2 溶液 3.0 mL 稀释至 250 mL。
⑧ 200 mL 的 0.5 mol/dm³ HCl 溶液的配制：移取 8.6 mL 浓盐酸于 200 mL 容量瓶，稀释至刻度。

⑨ 250 mL 的 0.010 mol/L $FeCl_3 \cdot 6H_2O$ 溶液的配制：称取 0.68 g $FeCl_3 \cdot 6H_2O$ 于烧杯，加入 0.5 mL 的 0.5 mol/dm^3 HCl，加蒸馏水溶解，定容于 250 mL 容量瓶。

⑩ 1.0×10^{-4} mol/L $FeCl_3 \cdot 6H_2O$ 溶液的配制：将 0.010 mol/L $FeCl_3 \cdot 6H_2O$ 溶液稀释 100 倍。

⑪待降解苯酚溶液：取 2 000 mg/L 的苯酚标准储备液 5.0 mL 于 500 mL 容量瓶中，用二次水稀释至刻度，摇匀待用。

四、实验步骤

（一）标准曲线的绘制

分别取 50 mg/L 的苯酚标准中间液 0 mL、0.5 mL、1.00 mL、1.50 mL、2.00 mL 和 2.50 mL 于 25 mL 的容量瓶中，加入少量二次水、2.0 mL 的 1.0×10^{-4} mol/L $FeCl_3 \cdot 6H_2O$ 溶液以及 2.0 mL 的 1.0×10^{-3} mol/dm^3 EDTA 溶液，摇匀，然后加入 0.5 mL 缓冲溶液、1.0 mL 的 4—氨基安替比林溶液，混匀。再加入 1.0 mL 铁氰化钾溶液，彻底混匀。最后用二次水定容至 25 mL，放置 15 min 后，在分光光度计上，于 510 nm 波长处用 1 cm 比色皿以空白溶液为参比，测量吸光度。以吸光度对浓度作图绘制标准曲线。

（二）光降解实验

① 开启 250 W 高压汞灯，预热 5.0 min，在其侧面 0.5 m 左右放置磁力搅拌器。

② 将待降解的苯酚溶液置于 1 000 mL 烧杯中，并置于磁力搅拌器上搅拌（转速依据搅拌子的不同设定有差异，大的搅拌子转速约 150 r/min，小的搅拌子转速约 300 r/min），烧杯中按顺序加入 2.0 mL 的 0.010 mol/L $FeCl_3 \cdot 6H_2O$ 溶液，1.5 mL 的 0.5 $mol \cdot dm^{-3}$ HCl，再加入 4.0 mL 的 0.36% 的 H_2O_2 溶液（溶液 pH 值约为 2.7），并立即开始计时。

③每隔 10 min 取 1 次样，每次取 5.0 mL，共取 11 次样（即分别在 $t=0$ min、10 min、20 min、30 min、40 min、50 min、60 min、70 min、80 min、90 min、100 min 时取样）。分别置于有编号的 25 mL 容量瓶中，按照与步骤①相同的方法测定吸光度。取样后要立即在避光下显色与放置。

（三）样品测定

取 5.0 mL 水样置于 25 mL 容量瓶中，加少量二次水、2.0 mL 的 1.0×10^{-3} mol/LEDTA 溶液，摇匀，然后加入 0.5 mL 缓冲溶液、1.0 mL 4- 氨基安替比林溶液，混匀。再加入 1.0 mL 铁氰化钾溶液，彻底混匀。最后用二次水定容至 25 mL，放置 15 min 后，在分光光度计上于 510 nm 波长处用 1 cm 比色皿以空白溶液为参比，测量吸光度。

五、数据处理

由标准曲线上查得不同时间光降解溶液中苯酚所对应的浓度值，绘制 $\ln \frac{c_0}{c} - t$ 关系曲线，求得 K' 值。

六、思考题

①讨论实验过程中出现的现象。

② 本实验所用高压汞灯的光谱有何特征？

③研究苯酚的光降解有何实际意义？

实验十九　土壤中有效态锌、铜含量的测定（DTPA 提浸）

土壤是一个复杂的系统，一旦有重金属进入，就会与土壤各组分发生作用，以各种形态存在。不同形态的重金属产生不同的环境效应。对植物产生毒性的重金属，主要是其有效态，即土壤溶液中自由金属活度的大小，影响植物有效性。

一般采用二乙三胺五乙酸（DTPA）浸提剂提取土壤中有效态锌、铜，原子吸收分光光度法测定的方法适用于 pH 值大于 6 的土壤中有效态锌、铜含量的测定。土壤重金属的有效态（有效性系数）是衡量土壤重金属被植物吸收难易程度的指标之一，其有效态含量越高，表明土壤中的重金属越容易被该作物吸收。其实，用可提取态方法表征土壤重金属有效性的强弱，只是一个操作定义而已。土壤重金属的有效性受多种因素的制约，包括土壤的理化性质（土壤的结构、通透性、氧化还原电位、pH 值等）、生物因素等，在不同土壤、不同作物类型条件下，土壤重金属有效性的强弱不一。

一、实验目的

①了解土壤有效态重金属的概念。

②掌握土壤有效态重金属的提取方法。

③了解原子吸收光谱仪的基本原理与工作性能。

④学习使用原子吸收光谱仪测定土壤中某种金属元素的操作方法。

二、实验原理

用 pH 值为 7.3 的二乙三胺五乙酸-氯化钙-三乙醇胺（DTPA-CaCl₂-TEA）缓冲溶液作为浸提剂，螯合浸提出土壤中有效态重金属。其中 DTPA 为螯合剂；氯化钙能防止石灰性土壤中游离碳酸钙的溶解，避免因碳酸钙所包蔽的锌、铁等元素释放而产生的影响；三乙醇胺作为缓冲剂，能使溶液 pH 值保持在 7.3 左右，对碳酸钙溶解也有抑制作用。

用原子吸收分光光度计，以乙炔－空气火焰测定浸提剂中重金属的含量。

三、仪器与试剂

（一）试剂

本方法所用试剂，在未注明其他要求时，均指符合国家标准的分析纯试剂；本标准所述溶液如未指明溶剂，均系水溶液。

1. DTPA 浸提剂

DTPA 浸提剂成分为 0.005 mol/L DTPA、0.01 mol/L CaCl₂、0.1 mol/L TEA，其 pH 值为 7.3。称取 1.967 g DTPA 溶于 14.92 g（约 13.3 mL）TEA 和少量水中，再将 1.47 g 氯化钙溶于水中，一并转至 1 L 的容量瓶中，加水至约 950 mL，在 pH 计上用盐酸溶液（1+1）或氨水溶液（1+1）调节 DTPA 溶液的 pH 值至 7.3，加去离子水定容至刻度。该溶液几个月内不会变质，但用前应检查并校准 pH。

2. 锌标准储备溶液

ρ（Zn）=1 mg/mL。称取 1.000 g 金属锌（99.9% 以上）于烧杯中，用 30 mL 盐酸溶液（1+1）加热溶解，冷却后，转移至 1 L 容量瓶中，稀释至刻度，混匀，储存于聚乙烯瓶中，1 mL 此溶液含 1 mg 锌。

或用硫酸锌配制：称取 4.398 g 硫酸锌（ZnSO₄·7H₂O，未风化）溶于水中，

132

转移至 1 L 容量瓶中，加 5 mL 硫酸溶液（1+5），稀释至刻度，即为 1 mg/mL 锌标准储备溶液。

3. 锌标准溶液

ρ（Zn）=0.05 mg/mL。吸取锌标储备液 5 mL 于 100 mL 容量瓶中稀释至刻度，混匀。

4. 铜标准储备溶液

ρ（Cu）=1 mg/mL。称取 1.000 g 金属铜（99.9% 以上）于烧杯中，用 20 mL 硝酸溶液（1+1）加热溶解，冷却后，转移至 1 L 容量瓶中，稀释至刻度，混匀，储存于聚乙烯瓶中。此溶液 1 mL 含 1 mg 铜。

或用硫酸铜配制：称取 3.928 g 硫酸铜（$CuSO_4 \cdot 5H_2O$，未风化）溶于水中，移入 1 L 容量瓶中，加 5 mL 硫酸溶液（1+5），稀释至刻度，即为 1 mg/mL。铜标准储备溶液。

5. 铜标准溶液

ρ（Cu）=0.1 mg/mL。吸取铜标准储备溶液 10 mL 于 100 mL 容量瓶中，稀释至刻度，混匀。

（二）仪器

①分析实验室通常使用的仪器设备。

②恒温往复式或旋转式振荡器或普通振荡器及 25 ℃ ± 2 ℃的恒温室。振荡器应能满足 180 r/min ± 20 r/min 的振荡频率。

③原子吸收分光光度计，附有空气－乙炔燃烧器及锌、铜空心阴极灯；或等离子体发射光谱仪。

四、实验步骤

（一）土壤有效锌、铜的浸提

准确称取 10.00 g 试样，置于干燥的 150 mL 具塞三角瓶或塑料瓶中，加入 25 ℃ ± 2 ℃的 DTPA 浸提剂 20.0 mL，将瓶塞盖紧。在 25 ℃ ± 2 ℃的温度下，以 180 r/min ± 20 r/min 的振荡频率振荡 2 h 后立即过滤，保留滤液，在 48 小时内完成测定。如果测定需要的试液数量较大，则可称取 15.00 g 或 20.00 g 试样，但应保证样液比为1：2，同时浸提使用的容器应足够大，确保试样的充分振荡。

（二）空白试液的制备

除不加试样外，试剂用量和操作步骤与（一）相同。

（三）试样溶液中锌、铜的测定（原子吸收分光光度法）

1. 标准工作曲线的绘制

准确吸取锌、铜标准溶液 0 mL、5 mL、10 mL、15 mL、20 mL、40 mL 于 50 mL 容量瓶中，并用 DTPA 定容至 50 mL，则此标准系列相当于 0 ppm、10 ppm、20 ppm、30 ppm、40 ppm、80 ppm 含锌、铜量。

测定前，根据待测元素性质，参照仪器使用说明书，对波长、灯电流、狭缝、能量、空气－乙炔流量比、燃烧头高度等仪器工作条件进行选择，调整仪器至最佳工作状态。

以 DTPA 浸提剂校正仪器零点，采用乙炔－空气火焰，在原子吸收分光光度计上分别测量标准溶液中锌、铜的吸光度。以浓度为横坐标，吸光度为纵坐标，分别绘制锌、铜的标准工作曲线。

2. 试液的测定

与标准工作曲线绘制的步骤相同，依次测定空白试液和试样溶液中锌、铜的浓度。

当试样溶液中测定元素的浓度较高时，可用 DTPA 浸提剂进行相应稀释，再上机测定。有时亦可根据仪器使用说明书，选择灵敏度较低的共振线或旋转燃烧器的角度进行测定，而不必稀释。

五、数据处理

土壤有效锌、铜含量 M，以质量分数表示，单位为 mg/kg，按下式计算：

$$M = C \times 液土比$$

式中：C——试样溶液中铜的浓度，单位是 μg/mL。

液土比——浸提剂土壤质量，单位是 mL/g。

六、思考题

①为什么说土壤有效态重金属含量只是个操作定义？
②影响土壤有效态含量的因素有哪些？

实验二十 Fenton 试剂催化氧化染料废水

过氧化氢与催化剂 Fe^{2+} 构成的氧化体系通常称为 Fenton 试剂。在催化剂作用下，过氧化氢能产生两种活泼的氢氧自由基，从而引发和传播自由基链反应，加快有机物和还原性物质的氧化。Fenton 试剂一般在 pH 值为 4.0 下进行，在该 pH 值时羟基自由基的生成速率最大。

Fenton 试剂是由 H_2O_2 和 Fe 混合得到的一种强氧化剂，特别适用于某些难治理的或对生物有毒性的工业废水的处理。由于具有反应迅速，温度和压力等反应条件缓和且无二次污染等优点，近几十年来，其在工业废水处理中的应用越来越受到国内外的广泛重视。

一、实验目的

①了解 Fenton 试剂的性质。
②了解 Fenton 试剂降解有机污染物的机理。
③掌握 Fenton 反应中各因素对废水脱色率的影响规律。

二、实验原理

Fenton 试剂的氧化机理可以用下面的化学反应方程式表示：

$$Fe^{2+} + H_2O_2 \rightarrow Fe^{3+} + OH^- + OH\cdot$$

OH^- 的生成使 Fenton 试剂具有很强的氧化能力，研究表明，在 pH 值为 4 的溶液中，其氧化能力在溶液中仅次于氟气的氧化能力。因此，持久性有机污染物，特别是芳香族化合物及一些杂环类化合物，均可以被 Fenton 试剂氧化分解。

本实验采用 Fenton 试剂处理甲基橙模拟废水。配制一定浓度的甲基橙模拟废水，实验时取该废水于烧杯（或锥形瓶）中，加入一定量的硫酸亚铁，开启恒温磁力搅拌器，使其充分混合溶解，待溶解后，迅速加入设定量的 H_2O_2，混匀，反应至所设定时间，用 NaOH 溶液终止反应，调节 pH 值为 8～9，静置适当时间，取上层清液在最大吸收波长 $A = 465$ nm 处测定吸光度。

三、仪器与试剂

（一）仪器

① pH-S 酸度计或 pH 试纸。

② 721 或 722 可见光分光光度计。

（二）试剂

① 甲基橙。

② $FeSO_4 \cdot 7H_2O$，H_2O_2（30%），H_2SO_4，NaOH，均为分析纯。

四、实验步骤

① 配制 200 mg/L 的甲基橙模拟废水。取 200 mg/L 的甲基橙模拟废水 200 mL 于烧杯（或锥形瓶）中。

② 确定适宜的硫酸亚铁投加量。甲基橙模拟废水的浓度为 200 mg/L，H_2O_2（30%）的投加量为 1 mL/L，水样的 pH 值为 4.0～5.0，水样温度为室温时，投加不同量的 $FeSO_4 \cdot 7H_2O$（投加量分别为 20 mg/L、60 mg/L、100 mg/L、200 mg/L、300 mg/L）进行脱色实验，反应时间为 60 min。通过此实验确定出 $FeSO_4 \cdot 7H_2O$ 的最佳投加量。

③ 确定适宜的 H_2O_2（30%）投加量。甲基橙模拟废水的浓度为 200 mg/L，$FeSO_4 \cdot 7H_2O$ 的投加量为步骤②中确定的最佳投加量，水样的 pH 值为 4.0～5.0，水样温度为室温时，投加不同量的 H_2O_2（30%）（投加量分别为 0.1 mL/L、0.2 mL/L、0.4 mL/L、0.6 mL/L、0.8 mL/L）进行脱色实验，反应时间为 60 min。通过此实验确定出 H_2O_2（30%）的最佳投加量。

④ 确定反应时间对降解效果的影响。甲基橙模拟废水的浓度为 200 mg/L，水样的 pH 值为 4.0，$FeSO_4 \cdot 7H_2O$ 的投加量为步骤②中确定的最佳投加量，H_2O_2（30%）投加量为步骤③中确定的最佳投加量，考察反应时间（取样时间分别为 10 min、20 min、40 min、60 min、80 min）对甲基橙模拟废水降解效果的影响。

五、数据处理

色度去除率的公式如下。

色度去除率＝（反应前后最大吸收波长处的吸光度差／反应前的吸光度）×100%。

六、思考题

Fenton 反应中各因素对废水脱色率的影响规律有哪些?

实验二十一　鱼体内氯苯类有机污染物的分析

因为工业废水的排放，导致湖泊、河流等天然水体中含有多种有机污染物，由于水生生物对很多有机污染物具有富集作用，使得生物体内有机污染物含量很高，一旦通过食物链进入人体，必然给人类健康带来严重的影响。

鱼类作为主要的环境监测生物，分析其体内有机污染物可以了解鱼类受污染程度，同时也可以了解该水体受污染状况，准确地预报有毒化学物质的生态效应。

一、实验目的

①了解鱼体中有机污染物的分析方法。
②掌握痕量有机物富集和浓缩的基本操作技术。
③进一步学习气相色谱仪的工作原理和使用方法。

二、实验原理

鱼体内的有机污染物主要用色谱法进行分析测定，但一般都需要经过预处理步骤。最常采用的预处理方法就是利用有机溶剂在索氏提取器中对一定量的样品进行回流萃取，然后将萃取液分别在 KD 浓缩器和 Snyder 蒸馏柱中进一步浓缩，直到达到色谱测定的要求为止。该方法较为成熟，回收率也较高。

三、仪器与试剂

（一）仪器

①气相色谱仪：配有电子捕获检测器（ECD）。

②高速组织捣碎机。

③索氏提取器：0～60 mL，0～500 mL。

④KD 浓缩器。

⑤Snyder 蒸馏柱。

⑥净化柱：用 5 mL 酸式滴定管、干燥管及硅橡胶管装配而成。

（二）试剂

①混合标准溶液。用石油醚配制含有 200 mg/L l, 2, 3－三氯苯、四氯苯、六氯苯、2-硝基氯苯、3-硝基氯苯和 4-硝基氯苯储备液。氯苯类有机物均为色谱纯。取 10 mL 储备液于 100 mL 容量瓶中，用石油醚定容，得浓度为 2 mg/L 的混合标准溶液。

②丙酮。分析纯，用前经全玻璃蒸馏器重蒸。

③石油醚（30～60 ℃）。分析纯，用前经全玻璃蒸馏器重蒸，接取 50 ℃以上馏分。

④乙醚。分析纯，用前经全玻璃蒸馏器重蒸。

⑤无水硫酸钠。分析纯，用前在高温炉中 600 ℃烘干 6 h。

⑥中性氧化铝。层析用，0.15～0.076 mm（10～200 目）；硅胶，层析用，0.30～0.15 mm（60～100 目）。用前均在高温炉中 600 ℃活化 6 h，加 5%（W/w）蒸馏水脱活，振荡 1 h 后，放置过夜。

四、实验步骤

（一）样品的准备

在从未受污染的水体中采集幼鱼数条。将其去除头尾和内脏后粉碎混匀。粉碎前用滤纸吸干样品表面血污和残余成分，粉碎时注意混合均匀。

（二）样品的提取

①称取混匀后的样品 3 g，与 9 g 无水硫酸钠一起研磨至无结块为止。按同样的方法做空白样和平行样。

②将研磨后的混合物装入滤纸筒内，置于 60 mL 索氏提取器中，并在其中含有平行样的索氏提取器中加入混合标准溶液 1 mL。

③用 60 mL 丙酮（59%）和石油醚（41%）的混合溶剂作为提取剂，在 60 ～ 65 ℃水浴条件下回流提取 2 h。

（三）提取液的净化和浓缩

①将提取液移入 KD 浓缩器中，水浴温度为 60 ～ 70 ℃，溶剂流出速度控制在 1 ～ 1.5 mL/min，浓缩至约 2 mL。

②在净化柱下端放入少量玻璃棉，然后依次干法装入 4 g 氧化铝（或硅胶）和 2 g 无水硫酸钠，轻敲柱壁，使填充物尽可能致密。

③将浓缩后的提取液置于净化柱顶端，待液面下降到无水硫酸钠部位时，开始加入 10 mL 石油醚，再待液面下降到无水硫酸钠顶部时，加入 30 mL 含 5% 乙醚的石油醚（用硅胶作净化剂时，使用含 10% 乙醚的石油醚）。控制流出速度为 1 mL/min，若流速过慢，可用氮气在柱顶稍微加压，将洗脱液全部接取。

④净化后的提取液再经 KD 浓缩器浓缩至约 5 mL，然后转用 Snyder 蒸馏柱进一步浓缩。前者的浓缩速度控制为 1 ～ 1.5 mL/min，后者应小于 1 mL/min。最后根据需要浓缩至 0.5 ～ 1 mL，供气相色谱测定。

上述提取和浓缩步骤中，均加入经清洗和 600 ℃下烘干 4 h 处理的沸石。所用玻璃棉亦经净化处理。

（四）样品测定

取浓缩后的溶液 1 ～ 5 mL 注入色谱，测定其保留值和峰高，在相同色谱条件下，取 1 ～ 5 μL 标准样注入色谱，测定其保留值和峰高。

色谱条件如下：

色谱柱：3 m × 2 mm 玻璃柱，内装 3% SP-2250 涂于 Supelcoport，0.29-0.15 mm（80 ～ 100 目）；

气化室温度：230 ℃；

柱室温度：120 ℃和 180 ℃两段；

载气（N_2）：50 mL/min；

放大器灵敏度：10；

输出衰减：512；

极化电流：1.0 mA；

记录仪纸速：2.5 mm/min。

五、数据处理

①根据标样浓度和色谱图峰高，分别求得空白样品和加标样品中所含各种有机污染物的含量。

②计算方法的加标回收率。

六、思考题

①测定方法的加标回收率有何意义？

②电子捕获检测器的工作原理是什么？

③用萃取法提取样品有哪些优缺点？

实验二十二 土壤对铜的吸附

土壤中重金属污染主要来自工业废水、农药、污泥和大气降尘等。过量的重金属可引起植物的生理功能紊乱、营养失调。由于重金属不能被土壤中的微生物降解，因此可在土壤中不断地积累，也可为植物富集并通过食物链危害人体健康。

重金属在土壤中的迁移转化主要包括吸附作用、配合作用、沉淀溶解作用和氧化还原作用。其中又以吸附作用最为重要。

铜是植物生长所必不可少的微量营养元素，但含量过多也会使植物中毒。土壤的铜污染主要是来自铜矿开采和冶炼过程。进入到土壤中的铜会被土壤中的粘土矿物微粒和有机质吸附，其吸附能力的大小将影响铜在土壤中的迁移转化。因此，研究土壤对铜的吸附作用及其影响因素具有非常重要的意义。

一、实验目的

①了解影响土壤对铜吸附作用的有关因素。

②学会建立吸附等温式的方法。

二、实验原理

不同土壤对铜的吸附能力不同，同一种土壤在不同条件下对铜的吸附能力也有很大差别。而对吸附影响比较大的两种因素是土壤的组成和 pH 值。为此，本实验通过向土壤中添加一定数量的腐殖物质和调节待吸附铜溶液的 pH 值，分别测定上述两种因素对土壤吸附铜的影响。

土壤对铜的吸附可采用弗罗因德利希（Freundlich）吸附等温式来描述。即

$$Q = K\rho^{1/n}$$

式中：Q——土壤对铜的吸附量，单位是 mg/g。

ρ——吸附达平衡时溶液中铜的浓度，单位是 mg/L。

K，n——经验常数，其数值与离子种类、吸附剂性质及温度等有关。

将 Freundlich 吸附等温式两边取对数，可得：

$$\lg Q = \lg K + \frac{1}{n}\lg \rho$$

以 $\lg Q$ 对 $\lg \rho$ 作图可求得常数 K 和 n，将 K 和 n 代入 Freundlich 吸附等温式，便可确定该条件下的 Freundlich 吸附等温式方程，由此可确定吸附量（Q）和平衡浓度（ρ）之间的函数关系。

三、仪器和试剂

（一）仪器

①分光光度计。

②恒温振荡器。

③离心机。

④酸度计。

⑤复合电极。

⑥容量瓶：0～50 mL，0～250 mL，0～500 mL。

⑦聚乙烯塑料瓶：0～50 mL。

（二）试剂

① 50% 酒石酸钾钠溶液。称取 50 g 分析纯酒石酸钾钠，溶于蒸馏水中，并稀释至 100 mL。

② 1：5 氨水。将 100 mL 分析纯浓氨水加至 500 mL 蒸馏水中。

③ 0.25% 淀粉溶液。将 0.25 g 可溶性淀粉用少量蒸馏水调成糊状，再加煮沸的蒸馏水至 100 mL。

④二乙基二硫代氨基甲酸钠溶液。称取 0.1 g 分析纯二乙基二硫代氨基甲酸钠 [N（C$_2$H$_5$）$_2$·CS$_2$Na]，溶于 100 mL 蒸馏水中，存放于棕色试剂瓶中，并放在黑暗的地方，避免光线照射。

⑤硫酸铜标准溶液。称取 0.392 9 g 分析纯 CuSO$_4$·5H$_2$O，溶于蒸馏水中，并稀释至 1 000 mL。吸取 5 mL，再用蒸馏水稀释至 100 mL，则此溶液每毫升含 5.00 μg 铜。

⑥二氯化钙溶液，0.01 mol/L。称取 1.5 g 的 CaCl$_2$·2H$_2$O 溶于 1 L 水中。

⑦硫酸溶液，0.5 mol/L。

⑧氢氧化钠溶液，1 mol/L。

⑨铜标准系列溶液（pH 值为 2.5）。分别吸取 10.00 mL、15.00 mL、20.00 mL、25.00 mL、30.00 mL 的铜标准溶液于 250 mL 烧杯中，加 0.01 mol/L CaCl$_2$ 溶液，稀释至 240 mL，先用 0.5 mol/L H$_2$SO$_4$ 调节 pH 值为 2，再以 1 mol/L NaOH 溶液调节 pH 值为 2.5，将此溶液移入 250 mL 容量瓶中，用 0.01 mol/L CaCl$_2$ 溶液定容。该标准系列溶液浓度为 40.00 mg/L、60.00 mg/L、80.00 mg/L、100.00 mg/L、120.00 mg/L。

按同样的方法，配制 pH 值为 5.5 的铜标准系列溶液。

⑩腐殖酸（生化试剂）。

⑪1 号土壤样品。将新采集的土壤样品经过风干、磨碎，过 0.15 mm（100 目）筛后装瓶备用。

⑫2 号土壤样品。取 1 号土壤样品 300 g，加入腐殖酸 10 g，磨碎，过 0.15 mm（100 目）筛后装瓶备用。

四、实验步骤

（一）标准曲线的绘制

在 7 个 50 mL 比色管中，分别加入硫酸铜标准溶液 0 mL、0.50 mL、1.0 mL、2.0 mL、3.0 mL、4.0 mL 及 5.0 mL，用蒸馏水稀释至 25 mL 左右。依次加入 0.5 mL 的 50% 酒石酸钾钠溶液，2.5 mL 1∶5 氨水，0.5 mL 的 0.25% 淀粉溶液及 2.5 mL 二乙基二硫代氨基甲酸钠溶液，再加蒸馏水至 50 mL。每加入一种试剂后均需混合均匀。

放置 5 min 后，用 10 mm 比色皿于 420 nm 波长处以空白作参比，测量吸光度，绘制吸光度-浓度曲线。

（二）土壤对铜的吸附平衡时间的测定

①分别称取 1、2 号土壤样品各 8 份，每份 1 g，分别置 50 mL 聚乙烯塑料瓶中。

②向每份样品中各加入 50 mg/L 铜标准溶液 50 mL。

③将上述样品在室温下进行振荡，分别在振荡 1.0 h、2.0 h、3.0 h、3.5 h、4.0 h、4.5 h、5.0 h 和 6.0 h 后，离心分离，迅速吸取上层清液 10 mL 于 50 mL 比色管中，用蒸馏水稀释至 25 mL 左右。依次加入 0.5 mL 50% 酒石酸钾钠溶液，2.5 mL 的 1∶5 氨水，0.5 mL 的 0.25% 淀粉溶液及 2.5 mL 的二乙基二硫代氨基甲酸钠溶液，再加蒸馏水至 50 mL，每加入一种试剂后均需混合均匀。然后放置 5 min 后用分光光度计测定其吸光度。以上实验分别用 pH 值为 2.5 和 5.5 的 100 mg/L 的铜标准溶液平行操作。根据实验数据绘制溶液中铜浓度对反应时间的关系曲线，以确定吸附平衡所需的时间。

（三）土壤对铜的吸附量的测定

①分别称取 1、2 号土壤样品各 10 份，每份 1 g 分别置于 50 mL 聚乙烯塑料瓶中。

②依次加入 50 mL pH 值为 2.5 和 5.5，浓度为 40.00 mg/L、60.00 mg/L、80.00 mg/L、100.00 mg/L、120.00 mg/L 铜标准系列溶液，盖上瓶塞后置于恒温振荡器中。

③振荡达平衡后，取 15 mL 土壤浑浊液于离心管中，离心 10 min，吸取上层清液 10 mL 于 50 mL 比色管中，用蒸馏水稀释至 25 mL 左右。依次加入 0.5 mL 50% 酒石酸钾钠溶液，2.5 mL 的 1∶5 氨水，0.5 mL 的 0.25% 淀粉溶液及 2.5 mL 的二乙基二硫代氨基甲酸钠溶液，再加入蒸馏水至 50 mL，每加入一种试剂后均需混合均匀。然后放置 5 min 后用分光光度计测定吸光度。

④剩余土壤浑浊液用酸度计测定其 pH 值。

五、数据处理

①土壤对铜的吸附量可通过下式计算：

$$Q = \frac{(\rho_0 - \rho)\,V}{1\,000W}$$

式中：Q——土壤对铜的吸附量，单位是 mg/g；

ρ_0——溶液中铜的起始浓度，单位是 mg/L；

ρ——溶液中铜的平衡浓度，单位是 mg/L；

V——溶液的体积，单位是 mL；

W——烘干土样重量，单位是 g。

由此方程可计算出不同平衡浓度下土壤对铜的吸附量。

②建立土壤对铜的吸附等温线。以吸附量（Q）对平衡浓度（ρ）作图即可制得室温下不同 pH 条件下土壤对铜的吸附等温线。

③建立 Freundlich 方程。以 lg Q 对 lg ρ 作图，根据所得直线的斜率和截距可求得两个常数 K 和 n，由此可确定室温时不同 pH 条件下，不同土壤样品对铜吸附的 Freundlich 方程。

六、思考题

①土壤的组成和溶液的 pH 值对铜的吸附量有何影响？为什么？

②本实验得到的土壤对铜的吸附量应为表观吸附量，它应当包括铜在土壤表面哪些作用的结果？

实验二十三　腐殖酸对汞（Ⅱ）的配合作用

含汞废水对环境的污染是工业废水污染环境的重要原因。我国有些河流受到含汞废水的污染，使底泥和水体中存在较高含量的不同形态的汞。汞可通过各种途径进入人体，对人体造成极大危害。近年来，腐殖酸对汞（Ⅱ）的配合作用越来越引起人们的重视。目前，人们一致认为，腐殖酸是水中重金属离子的重要配位体，对重金属离子的迁移转化有着重要的影响。

一、实验目的

①了解从草炭中提取腐殖酸的方法。

②利用所提取的腐殖酸，研究腐殖酸配合汞（Ⅱ）的最佳实验条件。

二、实验原理

腐殖物质是一种未知分子的复杂的混合物，这些分子的官能团的体积和数目可相差几个数量级。它们在环境水域的表层水中到处存在，影响污染物的迁移转化。

本实验用强碱从草炭中提取腐殖酸，用得到的腐殖酸配合汞（Ⅱ）。当二者发生配合作用后，生成较稳定的固体沉淀，不易再发生转化，通过用离心机离心后，采用冷原子吸收法测定上层清液中的汞（Ⅱ）浓度。与配合前汞（Ⅱ）浓度相比较，即可知道被配合的汞（Ⅱ）浓度。通过实验求得最佳反应条件。

三、仪器和试剂

① F-732 型测汞仪。

② THZ-82 型恒温振荡器。

③ TSH-4000 型离心机。

④ 0.015 mol/L $K_2Cr_2O_7$ 溶液，0.12 mol/L $K_2Cr_2O_7$ 溶液。

⑤ 0.15 mol/L 硫酸亚铁铵溶液。

⑥ 0.5% 邻菲啰啉指示剂。

⑦ 汞标准溶液：5%HNO_3 溶液。

四、实验步骤

（一）腐殖酸的提取与标定

硫酸亚铁铵的标定：移取 0.015 mol/L 的 $K_2Cr_2O_7$ 标准溶液 25 mL 于 250 mL 锥形瓶内，加水 70 ～ 80 mL，加浓硫酸 10 mL，加 3 滴啰啉指示剂，用硫酸亚铁铵滴定，溶液的颜色变化为橙色→黄绿色→绿色，当溶液呈现砖红色时为滴定终点。

1. 腐殖酸的提取

将草炭在烘箱内烘干，研碎。准确称取 3 g 于 100 mL 锥形瓶中，加 1.5% 的 NaOH 溶液 30 mL（草炭与碱溶液的质量比为 1∶10），水浴加热 30 min，过滤，将溶液定容至 250 mL。

2. 腐殖酸的标定

将上述定容后的溶液稀释 10 倍后，取 10 mL 于 250 mL 锥形瓶中，移取 0.12mol/L 的 $K_2Cr_2O_7$ 溶液 5 mL，用量筒量取 10 mL 浓硫酸，在沸水浴上加热 30 min，取下后用蒸馏水吹洗瓶壁（约 20 mL），冷却，加 3 滴邻菲啰啉指示剂，用标定过的硫酸亚铁铵溶液滴定至砖红色即滴定终点。

空白实验以 10 mL 水代替试样重复上述操作。

环境化学实验

按下式计算腐殖酸的百分含量：

$$W = \frac{0.003\,(V_0 - V)\,c}{0.58m}$$

式中：W——腐殖酸的百分含量。

V_0——空白滴定平均值，单位是 mL。

V——样品滴定平均值，单位是 mL。

c——硫酸亚铁铵浓度，单位是 mol/L。

m——草炭质量，单位是 g，应进行折算。

（二）腐殖酸配合汞的研究

1. 标准工作曲线的制作

取 0.5 μm/mL 的汞标准溶液 0.2 mL、0.3 mL、0.4 mL、0.5 mL、0.6 mL 于 100 mL 细口反应瓶中，加 1 mL 的 30% $SnCl_2$，19 mL 的 5% HNO_3，加盖橡胶反口塞，摇动 10 min。用 20 mL 注射器抽取 10 mL 气体，注入吸收池中，测定吸光度。在坐标纸上按汞含量与吸光度的关系，作出标准曲线。

2. 时间对配合反应的影响

取 2 μm/mL 的 $HgCl_2$ 溶液 5 mL，加腐殖酸 5 mL，用二次水稀释至 25 mL，用 1∶1 盐酸调 pH 值为 1.4，有沉淀生成，振荡不同的时间，离心分离，取 1 mL 上层清液加 1 mL 的 30% $SnCl_2$ 和 18 mL 的 15% HNO_3，摇动几分钟，取 10 mL 气体注入测汞仪，测定吸光度，由标准工作曲线可求得汞浓度。

以配合百分数—时间作图，选取最佳反应时间。

①腐殖酸量对配合反应的影响。取 2 μm/mL 的 $HgCl_2$ 溶液 4 mL，分别加腐殖酸 3 mL、5 mL、7 mL、9 mL，稀释至 25 mL，调 pH 值为 1.4，振荡 1 h，按上述方法测定吸光度值。

②pH 值对配合反应的影响。取 2 μm/mL 的 $HgCl_2$ 溶液 5 mL，加腐殖酸 5 mL，稀释至 25 mL，分别调 pH 值为 1.4、3.0、5.0，按所述方法测吸光度值。

以配合百分数-pH 值作图，选取最佳 pH 值。

五、结果与讨论

在实验所得的曲线图中选取最佳反应条件。

六、思考题

如何理解腐殖酸的配位作用与吸附作用，二者有何区别？

实验二十四　底泥中砷的化学形态鉴别

进入水体中的砷，可以被水体中的悬浮物和底泥等吸附，也可以被生物吸收、转化，最终沉积在底泥中，一般认为底泥是水体中砷的重要储存库。底泥中的砷可以以无机态和有机态的形式存在，其中无机态砷又可以以三价砷和五价砷的形式存在。研究表明不同价态砷的生物和生态毒性及其环境行为差异很大。因此，研究三价砷和五价砷在底泥中的浓度及比例具有十分重要的意义。

本实验以 pH 值为 5.0 的磷酸缓冲液浸提底泥样品（水土比为 2∶1），经离心分离后，将浸提液通过装有巯基棉的滤器，由于三价砷和五价砷与巯基结合的能力不同（三价砷与巯基的结合力比五价砷的高出 60 倍），将提取液中的三价砷和五价砷分开，然后分别测定浸出液（未经装有巯基棉滤器过滤的和已经过滤的）中砷的含量，从而计算出浸出液中三价砷和五价砷的含量。

一、实验目的

①学习底泥中三价砷和五价砷的提取分离技术。
②进一步巩固可见分光光度计和离心机等仪器的操作使用。

二、仪器和试剂

①高速离心机。
②721 型分光光度计。
③巯基棉（纤维）。
④管形滤器。
⑤测砷装置 16 套（件）。
⑥二乙基二硫代氨基甲酸银。
⑦无砷锌粒。
⑧浓 H_2SO_4。
⑨浓 HNO_3。

⑩ KI。

⑪ $SnCl_2$。

⑫ 醋酸铅棉花。

⑬ $Na_2HAsO_4 \cdot 7H_2O$。

三、实验步骤

①称取 2 份已制备好的底泥样品（每份 50.0 g）分别放入 150 mL 的三角瓶中，再加 100.0 mL pH 值为 5.0 的磷酸缓冲液，振荡 30 min。

②取下三角瓶将溶液转入 300 mL 离心杯中，称重平衡后，于离心机上离心 2.0 min（2 000r/min）。

③取下离心杯将上清液分别倒入两个 150 mL 三角瓶中，其中一份留作消化测总砷（三价砷和五价砷），另一份经装有巯基棉的滤器过滤。

④经巯基棉滤器过滤。将巯基棉装填至一筒形漏斗中，将上述上清液经巯基棉滤器过滤（滤出速度为 30 滴 /min），收集滤出液倒入 150 mL 三角瓶中，待消化后测五价砷的量。

⑤消化。向上述待消化的溶液中加 2 ～ 3 粒沸石或玻璃珠、5 mL 的（NH_4）$_2SO_4$、15 mL 的浓 HNO_3 和 5 滴高氯酸，混匀后，于瓶口加一玻璃短颈小漏斗，于沙浴上低温微热，使其温度逐渐升高，至溶液澄清无色为止。

⑥砷化氢的发生及显色测定。在消化好的三角瓶中加入 5 mL（NH_4）$_2SO_4$，再加 2 mL 的 15% KI、0.5 mL 的 40% $SnCl_2$ 溶液，摇匀，静置 10 min，再加无砷锌 3 g，迅速安上瓶塞及导气管装置，使发生的气体通入盛有 4.0 mL 的 0.5% Ag-DDC 吡啶溶液的 5 mL 刻度管中，30 min 后气体发生已很微弱，取出刻度管，吸收液用吡啶定容至 4.0 mL，用 721 型分光光度计在 540 nm 波长下测定吸光度，以试剂空白调零。根据标准曲线查出含砷量。

⑦标准曲线的绘制。取 0 mL、1.0 mL、3.0 mL、5.0 mL、7.0 mL、9.0 mL、11.0 mL 标准砷溶液（1 μg 五价砷 /mL）分别置于 100 mL 磨口三角瓶中，各加 7.0 mL（NH_4）$_2SO_4$，然后依次加入 25 mL、24 mL、22 mL、20 mL、18 mL、16 mL 和 14 mL 蒸馏水（即各瓶中含砷量分别为 0 μg、1 μg、3 μg、5 μg、7 μg、9 μg、11 μg）。然后按步骤⑥依次加入 2 mL 的 KI。测定各溶液的吸光度，并以吸光度为纵坐标，砷含量为横坐标绘制标准曲线。

四、思考题

①实验所测的底泥中可以浸出的三价砷和五价砷各为多少？

②砷在底泥中或土壤中的化学形态主要有哪些？请将主要的化学形态列出。

③砷污染的土壤作旱田好，还是作水田好？为什么？

④防治砷污染的措施有哪些？请略述之。

实验二十五　化学污染物对水生生物的毒性

化学污染物包括有机污染物和无机污染物，本实验以农药或洗涤剂代表有机污染物，以重金属离子 Cu^{2+} 或 Cd^{2+} 代表无机污染物，研究它们对常见水生生物——鱼或蝌蚪的急性毒性（实际实验中只选择一种化学污染物，这里仅以 Cu^{2+} 为例说明之）。

各种有毒物质排入环境中，可对生物产生有害的作用。有毒物质对生物的作用主要表现为两个方面，首先是对生物的生理影响；其次是其毒性在环境中的浓度或引入生物的剂量所造成的影响，此概念的基本原理是毒性的大小与毒性的剂量或浓度有关，当毒性的剂量或浓度低于某一最小值时是无害的。动物种群受有毒物质影响的假设致死响应曲线如图 2-6 所示。

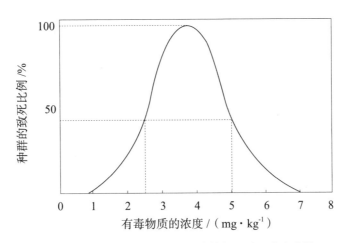

图 2-6　动物种群受有毒物质影响的假设致死响应曲线

上述原理可由图 2-6 所示的假设值加以说明，它表示某种相同的生物种群在确定的期间内受到不断增长的剂量或环境浓度的支配引起的致死反应。有毒物质的浓度小于 1 mg/kg 时，死亡率为零，浓度在 1 ~ 2.5 mg/kg 范围内，种群中最敏感的个体生物遭遇死亡，大部分群体在浓度 2.5 ~ 5 mg/kg 范围内受到影响，但某些个体生物有很强的抵抗力，只有当浓度超过 5 mg/kg 时才引起死亡。因此，有毒物质对任何一种相同种群的影响都呈正态分布。每种毒物对生物体都有特定的剂量-效应曲线。

进一步研究图 2-6 中的数据可得出毒性的数据标度。LC_{50} 与 LD_{50} 分别表示引起 50% 生物死亡的有毒物质的浓度或剂量，它代表对"平均"生物体的毒理，可由标准偏差估算出来。通常，致死浓度或致死剂量相互联系起来统称容许极限，这避免了考虑剂量与接触浓度之间的差别。若有必要也可算出生物死亡率为84%（LC_{84}）或 16%（LC_{16}）时毒性的浓度。

对同一种生物来讲，诸如年龄、性别、生物体的大小、健康情况和环境条件等的变化，将会影响所测的毒性，注意到这一点是很重要的。表 2-15 列出了几种物质对哺乳动物的毒性范围，可按表 2-16 中的等级将各种物质的毒性加以分类。

表 2-15　几种化学物质对各种哺乳动物的 LD_{50} 近似值

化学物质	$LD_{50}/(mg \cdot kg^{-1})$
乙醇	10 000
氧化钠	4 000
吗啡硫酸盐	900
DDT（双对氯苯基三氯乙烷）	100
尼古丁	1
河豚毒素	0.10
dioxin：（二噁英）	0.001

表 2-16　物质毒性的一般分类

类别	$LC_{50}/(mg \cdot L^{-1})$ 或 $LD_{50}/(mg \cdot kg^{-1})$
极毒	＜ 1
高毒	1 ~ 50

续表

类别	$LC_{50}/(mg \cdot L^{-1})$ 或 $LD_{50}/(mg \cdot kg^{-1})$
中毒	$50 \sim 500$
微毒	$500 \sim 5\,000$
几乎无毒	$5\,000 \sim 15\,000$
相对无毒	$\geqslant 15\,000$

注：1~50 表示大于等于 1 且小于 50 的值，其他类同

通过水的毒理学实验或生物实验，可评价特有的物质或污水的毒性，以便确定污水的排出速率，确定不同水生生物的相对敏感性，以及确定诸如温度、pH 值等物理和化学变量对毒性的影响。

生物实验可分为两类。一是慢性实验，即尚不致命的实验。这种实验是检验在基本生产过程中的反应的，诸如生长发育、生殖和血液成分的变化等。二是急性实验，即致命性实验，即测量对死亡的响应。慢性实验有时是长期的，而急性实验只需几天时间，无论是慢性实验还是急性实验，受试生物的各种特征应尽可能一致，且在实验阶段的环境条件也应保持不变。

简单的静态生物检验，可将受试生物放在不同浓度的有毒物质的小水缸中进行。这种实验方法具有因生物的吸收和其他机理使毒性浓度逐渐降低，以及由于受试生物产生的废物会引起附加的毒物效应等缺点。用"流动式"水池做实验可得到更准确一致的实验结果。"流动式"水池中的水不断由新鲜水（控制流入量）补充，使水池中有毒物质的浓度保持不变。但"流动式"生物检验需要复杂的仪器设备，还需要化学监测有毒物质的浓度。故本实验使用静态法。

受试生物的选择是个关键。挑选用作实验的生物应对本地的生态学、商业和旅游业等方面均有重要的意义。为了易于实际应用，需大量获得生物样品，但应注意到生物检验的实验条件与天然环境是有差别的，如生物活动区的溶解氮、温度、盐度、pH 值等因子与实验条件是不同的。另外，受试生物的体形大小、年龄、性别和身体条件可能并不能代表天然种群。因此，把生物检验结果用到天然种群时必须十分谨慎。

本实验选择铜（硫酸铜）作有毒物质，虽然微量的铜对生物的生命是必不可少的，但其浓度较高时是有毒的。对许多藻类来说，0.5 ppm 级的铜可致死；而对大多数鱼来说，致死浓度可达几个 ppm。主要的铜污染源是采矿业、电镀厂以

及用作杀藻剂和杀菌剂的铜化合物。

一、实验目的

①掌握毒理学生物检验原理。
②进行简易的小规模静态生物检验。
③由死亡率数据推算出 24 小时和 96 小时的 LD_{50} 值。

二、仪器和药品

①容量瓶 100 mL、500 mL。
②吸量管 1 mL、10 mL。
③5 L 大口瓶 5 个。
④泵和联结管。
⑤分析天平。
⑥虾或其他合适的水生生物约 80 只。
⑦硫酸铜。

三、实验步骤

生物检验约需 5 d 时间。实验过程中需要经常监测，事先应制订周密的计划。通常约需在一周前采集实验生物，让它们在此段时间内适应实验室环境。当地产的河虾用提网捕捞，放养在同一水体中。也可在水产商店买海虾籽（苗）培养成虾作为实验生物。先进行初步实验以确定对虾有毒的铜浓度的数量级。

①要确保稀释水的充分供应。如果用自来水为稀释水则必须经空气洗涤彻底除氯。如果自来水是硬水，要用等量的去离子水稀释。确保虾适应在稀释水中生活。实验前一天停止给虾喂食。

（注：一种满意的生物样应是便于大量捕获或繁殖，最小的体型也应便于观察和处理，且有清晰的死点。捕捉时不违反政府的法令和保护条例。）

②彻底清洗 5 个 5 L 的大口瓶，每个瓶中装满稀释水，加入硫酸铜溶液，使铜的浓度分别为 0 g/mL，0.01 g/mL，0.1 g/mL，1 g/mL 和 10 g/mL。以未加铜溶液的水作对照样。

③每个瓶中放入 2 只虾，实验用的虾应该是大小差不多的同性虾，观察几分钟，把明显受伤害的虾换掉。

④经 24 h 后，记录死亡数。在对照样中的虾不应有死亡。理想的铜浓度应是当铜浓度等于或大于此值时，虾的死亡率为 100%，低于此浓度时，虾的死亡率为零。

详细实验的铜浓度范围应选择在零死亡率至全部死亡区间内。选用对数系数的浓度间隔为最合适，可采用下列浓度：1.0 mg/L、1.8 mg/L、3.2 mg/L、5.6 mg/L、10 mg/L、18 mg/L、32 mg/L，这样的浓度范围需取 5 种浓度。

⑤将几个 5 L 的大口瓶中装满稀释水，调节铜浓度至要求的浓度值。留一瓶作对照用。

⑥每个瓶中放 10 只同性的、体型与初步实验用的差不多大小的虾。实验中仔细操作，不要伤害它们。

⑦一次实验周期为 96 h（四昼夜）。在实验期间不给虾喂食，每隔一定时间记下虾的死亡数。可选用的是适宜时间间隔为：

15 min，30 min，70 min；

2 h，4ch，8 h 和 14 h；

1 d，2 d，3 d 和 4 d。

也可选用其他更为合适的时间间隔。

⑧一旦发现虾死亡，即使在选定的观察时间内也要马上把它捞出来。虾的死亡标志是无呼吸或其他动作或对轻微刺激无反应。

四、数据分析

分析生物实验数据的方法有多种，现介绍其中的一种，表 2-17 中列出每 10 只为一个实验组，4 d 内在 5 种不同的铜浓度水中虾的死亡数。以每组的死亡率百分数对每一观察期内的铜浓度作图。图 2-7 为 14 h 内观察到的死亡率与毒物浓度的关系曲线。

图 2-7 表明这些数据可以合成 S 形曲线，这种形状的曲线对自然群体来说是预料之中的，大多数虾的行为接近"中值"，在很窄的有毒物质的浓度范围内死亡。然而有少数虾表现出对毒物特别敏感或抗性。

实际上，把实验数据拟合成一条直线是比较容易的。图 2-7 表明，略去死亡率为零和 100% 的点后，就可将靠近中值的点拟合成一条直线，由这条直线可读出 14 h 的铜的 LC_{50} 值为 3.2 mg/L。

浓度为半对数坐标。虚线符合拟标准图形。实线较好地符合少数类似"平均"生物体行为的动物的数据。

表 2-17　虾死亡数据

铜浓度 / (mg·L⁻¹)	下列观察期后试验动物的存活率 /%								
	30 min	1 h	2 h	4 h	14 h	24 h	2 d	3 d	4 d
10	9	7	4	2	0	0	0	0	0
5.6	10	9	7	5	2	1	1	0	0
3.2	10	10	9	7	5	4	3	2	2
1.8	10	10	10	9	8	7	6	5	5
1.0	10	10	10	10	10	10	9	8	9

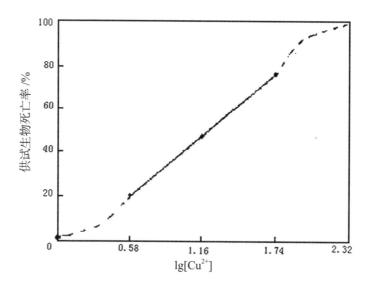

图 2-7　14 小时内的死亡率与毒物浓度的关系曲线

其他各观察期间内的 LC_{50} 值也可以得出来。深入一步，还可画出这些 LC_{50} 值时间的关系曲线从而获得一条毒性曲线，如图 2-8 所示。从这条曲线可分别读出 24 h 和 96 h 的 LC_{50} 值。在本实验条件下，24 h 和 96 h 的铜的浓度分别为 2.5 mg/L 和 1.8 mg/L。

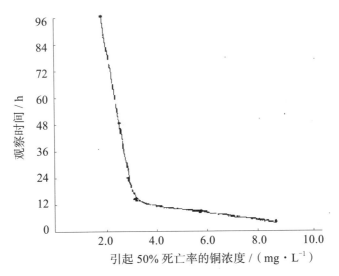

引起 50% 死亡率的铜浓度 /（mg·L^{-1}）

图 2-8　LC$_{50}$ 对观察时间的关系曲线

在实验进行中即应绘出这条曲线。本实验条件下，96 h 小时仍有死亡发生，较长时间的实验可能指示出这样一个浓度，即在该浓度时，急性致死中止，此即"致死浓度阈"。

五、思考题

①本实验条件下，实验动物在 24 h 和 96 h 的 LC$_{50}$ 值是多少？

②政府规定的水质标准中，天然水中的铜浓度是多少？试与实验中得到的 LC$_{50}$ 值加以比较。

③所谓"致死浓度阈"是什么意思？从本实验所得数据中你能估算出铜的致死浓度阈吗？

④污染物生物实验中的协同作用和拮抗作用是指什么？水的硬度如何影响溶解的铜的毒性？

参考文献

［1］ 董德明，朱利中. 环境化学实验［M］. 北京：高等教育出版社，2009.

［2］ 康春莉，徐自力，冯小凡. 环境化学实验［M］. 长春：吉林大学出版社，
　　　2000.

［3］ 国家环保局《水和废水监测分析方法》编委会. 水和废水监测分析方法
　　　［M］. 北京：中国环境科学出版社，1994.

［4］ 王怀宇，姚运先. 环境监测［M］. 北京：高等教育出版社，2007.

［5］ 俞继梅. 环境监测技术［M］. 北京：化学工业出版社，2014.

附　　录

附录A　土壤环境质量农用地土壤污染管控风险标准（GB15618—2018）

表 A-1　农用地土壤污染风险筛选值（基本项目）

单位：mg·kg^{-1}

序号	污染物项目		风险筛选值			
			pH ≤ 5.5	5.5 < pH ≤ 6.5	6.5 < pH ≤ 7.5	pH > 7.5
1	镉	水田	0.3	0.4	0.6	0.8
		其他	0.3	0.3	0.3	0.6
2	汞	水田	0.5	0.5	0.6	1
		其他	1.3	1.8	2.4	3.4
3	砷	水田	30	30	25	20
		其他	40	40	30	25
4	铅	水田	80	100	140	240
		其他	70	90	120	170
5	铬	水田	250	250	300	350
		其他	150	150	200	250
6	铜	果园	150	150	200	200
		其他	50	50	100	100
7	镍		60	70	100	190
8	锌		200	200	250	300

注：①重金属和类金属砷均按元素总量计。
　　②对于水旱轮作地，采用其中较严格的风险筛选值。

表 A-2　农用地土壤污染风险筛选值（其他项目）

单位：mg·kg⁻¹

序号	污染物项目	风险筛选值
1	六六六总量	0.10
2	滴滴涕总量	0.10
3	苯并（a）芘	0.55

注：①六六六总量为 α-六六六、β-六六六、γ-六六六、δ-六六六四种异构体的含量总和。
②滴滴涕总量为 p, p'-滴滴伊、o, p'-滴滴涕、p, p'-滴滴涕三种衍生物的含量总和。

表 A-3　农用地土壤污染风险管制值

单位：mg·kg⁻¹

序号	污染物项目	风险管制值			
		pH 值 ≤ 5.5	5.5 < pH 值 ≤ 6.5	6.5 < pH 值 ≤ 7.5	pH 值 > 7.5
1	镉	1.5	2.0	3.0	4.0
2	汞	2.0	2.5	4.0	6.0
3	砷	200	150	120	100
4	铅	400	500	700	1000
5	铬	800	850	1000	1300

附录 B　环境空气质量标准（GB3095—2012）

表 B-1　环境空气污染物基本项目浓度限值

序号	污染物项目	平均时间	浓度限值		单位
			一级	二级	
1	二氧化硫（SO_2）	年平均	20	60	$\mu g \cdot m^{-3}$
		24 h 平均	50	150	
		1 h 平均	150	500	
2	二氧化氮（NO_2）	年平均	40	40	
		24 h 平均	80	80	
		1 h 平均	200	200	

序号	污染物项目	平均时间	浓度限值		单位
			一级	二级	
3	一氧化碳（CO）	24 h 平均	4	4	mg·m⁻³
		1 h 平均	10	10	
4	臭氧（O₃）	日最大 8 h 平均	100	160	µg·m⁻³
		1 h 平均	160	200	
5	颗粒物（粒径小于或等于 10 µm）	年平均	40	70	
		24 h 平均	50	150	
6	颗粒物（粒径小于或等于 2.5 µm）	年平均	15	35	
		24 h 平均	35	75	

注：★一类区适用一级浓度限值，二类区适用二级浓度限值。

　　★一类区为自然保护区、风景名胜区和其他需要特殊保护的区域。

　　★二类区为居住区、商业交通居民混合区、文化区、工业区和农村地区。

表 B-2　环境空气污染物其他项目浓度限值

序号	污染物项目	平均时间	浓度限值		单位
			一级	二级	
1	总悬浮颗粒物（TSP）	年平均	80	200	µg·m⁻³
		24 h 平均	120	300	
2	氮氧化物（NOₓ）	年平均	50	50	
		24 h 平均	100	100	
		1 h 平均	250	250	
3	铅（Pb）	年平均	0.5	0.5	
		季平均	1	1	
4	苯并（a）芘（BaP）	年平均	0.001	0.001	
		24 h 平均	0.002 5	0.002 5	

注：★一类区适用一级浓度限值，二类区适用二级浓度限值。

　　★一类区为自然保护区、风景名胜区和其他需要特殊保护的区域。

　　★二类区为居住区、商业交通居民混合区、文化区、工业区和农村地区。

附录 C 地表水环境质量标准（GB3838—2002）

表 C-1 地表水环境质量标准基本项目标准限值　　　　单位：mg·L^{-1}

序号	标准值分类项目	I 类	II 类	III 类	IV 类	V 类
1	水温 /℃	人为造成的环境水温变化应限制在：周平均最大温升≤1　周平均最大温降≤2				
2	pH 值（无量纲）	6～9				
3	溶解氧≥	饱和率90%（或7.5）	6	5	3	2
4	高锰酸盐指数≤	2	4	6	10	15
5	化学需氧量（COD）≤	15	15	20	30	40
6	五日生化需氧量（BOD$_5$）≤	3	3	4	6	10
7	氨氮（NH$_3$-N）≤	0.15	0.5	1.0	1.5	2.0
8	总磷（以 P 计）≤	0.02（湖、库 0.01）	0.1（湖、库 0.025）	0.2（湖、库 0.05）	0.3（湖、库 0.1）	0.4（湖、库 0.2）
9	总氮（湖、库，以 N 计）≤	0.2	0.5	1.0	1.5	2.0
10	铜≤	0.01	1.0	1.0	1.0	1.0
11	锌≤	0.05	1.0	1.0	2.0	2.0
12	氟化物（以 F$^-$ 计）≤	1.0	1.0	1.0	1.5	1.5
13	硒≤	0.01	0.01	0.01	0.02	0.02
14	砷≤	0.05	0.05	0.05	0.1	0.1
15	汞≤	0.000 05	0.000 05	0.000 1	0.001	0.001
16	镉≤	0.001	0.005	0.005	0.005	0.01

续表

序号	标准值分类项目	Ⅰ类	Ⅱ类	Ⅲ类	Ⅳ类	Ⅴ类
17	铬（六价）≤	0.01	0.05	0.05	0.05	0.1
18	铅≤	0.01	0.01	0.05	0.05	0.1
19	氰化物≤	0.005	0.05	0.2	0.2	0.2
20	挥发酚≤	0.002	0.002	0.005	0.01	0.1
21	石油类≤	0.05	0.05	0.05	0.5	1.0
22	阴离子表面活性剂≤	0.2	0.2	0.2	0.3	0.3
23	硫化物≤	0.05	0.1	0.2	0.5	1.0
24	粪大肠菌群（个/L）≤	200	2 000	10 000	20 000	40 000

表 C-2　集中式生活饮用水地表水源地补充项目标准限值

单位：$mg \cdot L^{-1}$

序号	项目	标准值
1	硫酸盐（以 SO_4^{2-} 计）	250
2	氯化物（以 Cl^- 计）	250
3	硝酸盐（以 N 计）	10
4	铁	0.3
5	锰	0.1

表 C-3　集中式生活饮用水地表水源地特定项目标准限值

单位：$mg \cdot L^{-1}$

序号	项目	标准值	序号	项目	标准值
1	三氯甲烷	0.06	8	1,1-二氯乙烯	0.000 5
2	四氯化碳	0.002	9	1,2-二氯乙烯	0.1
3	三溴甲烷	0.1	10	三氯乙烯	0.003
4	二氯甲烷	0.02	11	四氯乙烯	0.008

环境化学实验

续表

序号	项目	标准值	序号	项目	标准值
5	1,2-二氯乙烷	0.03	12	氯丁二烯	0.01
6	环氧氯丙烷	0.02	13	六氯丁二烯	0.000 1
7	氯乙烯	0.005	14	苯乙烯	0.2
15	甲醛	0.9	41	丙烯酰胺	0.000 5
16	乙醛	0.05	42	丙烯腈	0.1
17	丙烯醛	0.1	43	邻苯二甲酸二丁酯	0.003
18	三氯乙醛	0.01	44	邻苯二甲酸二（2-乙基己基）酯	0.008
19	苯	0.01	45	水合肼	0.01
20	甲苯	0.7	46	四乙基铅	0.000 1
21	乙苯	0.3	47	吡啶	0.2
22	二甲苯	0.5	48	松节油	0.2
23	异丙苯	0.25	49	苦味酸	0.5
24	氯苯	0.3	50	丁基黄原酸	0.005
25	1,2-二氯苯	1.0	51	活性氯	0.01
26	1,4-二氯苯	0.3	52	滴滴涕	0.001
27	三氯苯	0.02	53	林丹	0.002
28	四氯苯	0.02	54	环氧七氯	0.000 2
29	六氯苯	0.05	55	对硫磷	0.003
30	硝基苯	0.017	56	甲基对硫磷	0.002
31	二硝基苯	0.5	57	马拉硫磷	0.05
32	2,4-二硝基甲苯	0.000 3	58	乐果	0.08
33	2,4,6-三硝基甲苯	0.5	59	敌敌畏	0.05
34	硝基氯苯	0.05	60	敌百虫	0.05
35	2,4-二硝基氯苯	0.5	61	内吸磷	0.03
36	2,4-二氯苯酚	0.093	62	百菌清	0.01
37	2,4,6-三氯苯酚	0.2	63	甲萘威	0.05

序号	项目	标准值	序号	项目	标准值
38	五氯酚	0.009	64	溴氰菊酯	0.02
39	苯胺	0.1	65	阿特拉津	0.003
40	联苯胺	0.000 2	66	苯并（a）芘	2.8×10^{-6}
67	甲基汞	1.0×10^{-6}	74	硼	0.5
68	多氯联苯	2.0×10^{-5}	75	锑	0.005
69	微囊藻毒素 - LR	0.001	76	镍	0.02
70	黄磷	0.003	77	钡	0.7
71	钼	0.07	78	钒	0.05
72	钴	1.0	79	钛	0.1
73	铍	0.002	80	铊	0.000 1

注：①二甲苯：指对二甲苯、间二甲苯、邻二甲苯。
②三氯苯：指1，2，3 - 三氯苯、1，2，4 - 三氯苯、1，3，5 - 三氯苯。
③四氯苯：指1，2，3，4 - 四氯苯、1，2，3，5 - 四氯苯、1，2，4，5 - 四氯苯。
④二硝基苯：指对二硝基苯、间二硝基苯、邻二硝基苯。
⑤硝基氯苯：指对硝基氯苯、间硝基氯苯、邻硝基氯苯。
⑥多氯联苯：指 PCB-1016、PCB-1221、PCB-1232、PCB-1242、PCB-1248、PCB-1254、PCB-1260。